JN006705

Practice of the Regionalism

地域主義の実践

農産物の直接販売の行方

河内良彰
KOUCHI Yoshiaki

ナカニシヤ出版

はじめに

本書は、日本における農産物や加工食品などの地域資源の「直接販売」の形成と展開を「地域主義」の枠組で捉え、それらの実践の諸相を1970年代以降の農産物流通の構造再編と流通政策の過程に照合し、定量的調査と定性的調査の双方に基づいて実証的に明らかにするものである。

工業化に主眼を置いた地域開発政策に伴って、過密や公害などの都市問題が発生した我が国では、一方の農村部で急激な人口減少や過疎化、少子化、高齢化が進み、農林業の低迷を招いた。特に人口3000人未満の小規模山村自治体では、人口減少と高齢化が急速に進み、限界自治体あるいはその予備軍と称される地域が広がっている[1)]。地域開発政策の方向性は「地方の時代」が提唱された1970年代後半に曲がり角を迎え[2)]、全般的に衰退や空洞化の傾向が鮮明化していった。そのような地域経済の中で、住民の創意工夫と努力で地域産業を振興しようとする先見的な実践が行われる地域も現れ始めた[3)]。

地域経済研究の論調によると、戦後日本における地域住民主権の定着と新たな地域づくりへの気運が拡大している状況のもとでは、できるだけ狭いエリアの地域産業の発展や住民生活の向上、景観や文化資源の維持拡大を有機的に連携させることで、グローバル競争下でも個性の輝く地域形成が行われるとされた（岡田2004）。したがって、明治や昭和の往時に見られなかった自治意識が涵養されて、地域づくりが実践される自治体が見られるようになった現在、広域合併自治体や政令指定都市のような重層的な構造によらず、主権者である住民の意向に則して社会のあり方や活性化策を検討すべき時機にあることが論じられた。また、地域経済とネットワークとの関連では、地域マネージャー・里山レンジャーなどの地域内外の多様な主体との新たな結束機能の創設が持続可能な地域運営と資源活用に貢献するという見解が示された[4)]。

他方、地域再生論の文脈では、対話、交流、協同、連帯などの諸活動によって、人間の潜在的力量が引き出され、ひとり一人の労働能力や生活能力などが高められ、人間の人間らしさが回復されるとした。かくして社会の意志決定能力が高まるという見込みから、協同組合の意義が強調された（池上1986）。こうした史観から、個性と多様性の時代に人間的な発達欲求に基づく個性的人格を支えるために、自立支援の人間ネットワークの重要性が唱えられた（池上1996）。これらの議論は、「内発的発展」のための枢要な要素として地域固有の知的な文化や資産を措定し、地域の固有価値を基礎にした各地域の相互交流によって新しい創造的なアイデアが創出されることに論及した。

然して、グローバル化によって物質的な豊かさが一定水準に達すると、環境や自然、安全や安心、町並みや景観、文化や芸術性、近隣の人々との良好な関係など、むしろ非物質的な豊かさへの要求が高まる。こうした認識のもとで、資本主義経済システムの非物質主義的転回と換言される構造変化の過程では、人間の創造性を引き出すための教育や訓練による人的資本への投資と、人間同士の創発的なネットワーク形成による社会関係資本への投資が地域再生と持続可能な地域発展の鍵とされた（諸富2010）。農村の持続可能性に向けて必要なこととして、景観・産業・生活の視点による農山漁村風の営みの創造的な再生、生産人の職人技、技術やデザインにかかわる創造性、人的能力ストックとしての人間の力量の持続的な再生産などが挙げられた（池上2010）。また、地域固有の自然景観や文化財などの場の文化的価値が人間の潜在能力の開発を介して消費財の中に入り込むことで、付加価値の高いクリエイティブ産業が創出される可能性があると考えうる（後藤2010）。

現在、農山村社会における地域資源の維持管理や後継者の存続が危ぶまれているが、地域社会の仕組みを地域発で考え出していく必要があるという認識は決して十分ではない[5)]。それゆえに、都市農村交流の意義に関して言及される際、求められる交流の具体策として、農山村の英知や教訓の都市への発信、都市がそれを学ぶことによる真の意味での都市農村連携と共生[6)]、ゲストとホストが感動と自信という気づきを同時にもって学び合うことによる人的な交流の循環などが提起されてきた[7)]。

都市農村交流に関する先行研究は数多く蓄積されており、管見の限りでは、グリーン・ツーリズム（池田ほか 2013；大野 2010；加藤ほか 2002；山﨑・中澤 2008)、CSA（村瀬ほか 2010)、ツーリズム（阿部 2006；河野 2002)、地産地消活動（大原 2012；加藤ほか 2002；中村 2004）に関する実証研究がある。単に都市とのつながりを求める実践だけではなく、それと並行的に結束力や有機的連帯につながる機能や場、組織を地域内に設けて内発的に活かすことで、住民の主体性や当事者意識を反映させた市民活動が自治体との協働の推進力となるという活性化の一例が散見されるようになった。都市農村交流の前提に、地域社会に住む主体間の連帯や人的交流があることを忘れてはならない。農山村の現場から都市農村交流の課題[8)]が指摘されていることに鑑みれば、家族や集落住民との交流という地域社会の内的関係性を含む「広義の都市農村交流」の視点が重視されるようになったことは説明に多言を要しない。

本書において、住民が主体となって実践する地域資源の直接販売、「農産物直売所」や「道の駅」、「ファーマーズ・マーケット」は、1990 年代に急成長を遂げた農産物や加工食品の販売施設である[9)]。直接販売を行う出荷会員の居住地は、農業協同組合の営業エリアや行政区域などのように、特定の地理的境界が定められるため、直接販売はまちづくり・地域づくり、農業経営を地域性に基づいて実践する格好の場となる[10)]。

地産地消活動を構成する直接販売に関する既往研究で得られた知見と視点を確認すると、地域外との関係強化による収益性や地域経済振興に着目した既往研究がきわめて多い。なかでも、店頭販売や経営戦略に関する研究は、一定量の蓄積がある（例えば、慶野・中村 2004；駄田井 2004；駄田井ほか 2007；藤吉ほか 2007；村上 2000；藤井ほか 2008；上田ほか 2009)。他方で、地域内の多様な主体と結びつくことによるコミュニティ活性化の文脈の中で、直接販売がもつまちづくりや地域づくりの動態を明らかにした研究として、以下の論稿が見られる。例えば、地域社会集団との重層性があるために、参加農家が個別的な体験や知見を共有できることを指摘した研究（櫻井 2001）や、農家女性を中心にして住民ネットワークや異業種ネットワークを形成する場として紹介した研究（岩崎 2001)、直売所間のネットワーク化、生産者の主体性、ソフト面のシステムづくりをもとに、地産地消の地場流通を基盤として域外に販路を拡げている事例を取り上げた研究（徳田 2008）が挙げられる。このほか、集落レベルの構造的な社会関係資本が、地産地消に関連する利益追求型の取り組みに加えて、個人の所得向上に直接つながらない組織的活動にも貢献していることが明らかにされた（横山・櫻井 2009）。また、ひとつの報告によると、女性によって構成される生活改善グループが、地域資源を販売する活動理念を掲げ、視察や研修会を重ねて横のつながりを形成し、地域の食文化を地域外に発信するようになった成功例がある（関 2009）。先行文献から、生産者と消費者あるいは住民との関係性、都市と農村との関係性を活かして展開される農業理念であるコミュニティ農業[11)]の牽引役として、その主たる機能が位置づけられている。

これまでの直接販売に関する既往研究は、消費者を取り込むためのマーケティング研究を重点的に扱ってきた傾向がある一方で、地域内の経済主体間の社会関係資本の拡充による内発力の形成過程も論じ始めている。直接販売は地域外の様々な主体との関係構築を促進し、人的ネットワークによる地域資源を活用した主体的な住民活動を前提とするため、地域内の結束や有機的連帯につながる機能として作用し、地域社会の内発的課題解決能力を醸成する場となりうるのではないだろうか[12)]。

本書では以上の先行研究の視点を受けて、最近において我が国の地域レベルで普遍的に見られるようになった実践例として直接販売に着目し、その事例研究に紙幅を割くこととなった。本書が少しでも「地域主義の実践」のきっかけになれば幸いである。

付記：本書は、これまでに筆者が執筆した論文や報告書を大幅に加筆修正してまとめたものである。出版にあたって 2022 年度佛教大学出版助成を得た。

目　次

第1章
地域主義と内発的発展論の理論構成

1　本章の課題

本章の課題は、玉野井芳郎の地域主義と日本の内発的発展論の議論を比較検討し、地域産業や地域社会の発展方向を分析する際の視座を確定することである。

近年、「地域」を土台にして、下から上に向けた合意システムの形成と社会の再組織化を図る「地域主義」と呼称される考え方が、従来の経済開発や住民運動の限界を乗り越える方法として注目されるようになった。主に、地域主義は、国際政治経済学や国際関係論などの文脈で用いられる巨視的な地域主義と、国内における共同体論や自治論などの文脈で用いられるヒューマン・スケールの地域主義に大別される。本章が属する後者の研究領域では、数多くの既往研究が蓄積されてきた。そのなかでも、経済学史や経済人類学を専門とする玉野井芳郎、経営学の清成忠男（清成 1978）、中小企業論の杉岡碩夫（杉岡 1976）らの論考が、特に重厚な研究体系として現れた。

とりわけ、玉野井芳郎の地域主義は、1970年代のドイツにおける在外研究と「地域主義研究集談会」等の議論と研究蓄積によって精緻化され、カール・ポランニーの共同体の経済思想の影響を受けた深遠な大系が構築された。その壮大な意図は、次のように論評された。例えば、鶴見和子は、より小さい地域を単位として社会を見る等身大の科学と、最小単位としてのハウスホールドに行き着いた体系を、従来の社会科学の方法を転換しようとする知的冒険として評価した（鶴見 1990）。さらに、清成忠男は、東京一極集中の伸展や地球的規模での環境問題の深刻化の様相を挙げて、国内外で生起する危機的状況に対し、学際的に衆知を集めて問題解決に当たる際に、地域主義が長期的に果たす意義に言及した（清成 1990）。

一方、日本の地域開発史を見ると、1977 年策定の「第三次全国総合開発計画」以降は、従来型の国主導の大規模地域開発とは一線を画し、地域の観点が重視された。この過程で、宮本憲一は、戦後の地域開発の教訓を受けて、住民のための地域開発、住民が地域活性化を行うための基礎的条件を示した[1)]。氏は、後進地域に巨大な資本や国の公共事業を誘致する「外来型開発」を批判し、内発的発展論を提起した。それは、「地域の団体や個人が自発的な学習によって計画を立て、自主的な技術開発をもとにして、地域の環境を保全しつつ資源を合理的に利用する。そして、地域文化に根ざした経済発展を図り、地方自治体が住民福祉を向上させていく地域開発」という新しい発展方式である（宮本 1989）。具体的には、次のような地域開発が求められた。第 1 に、大企業や政府の事業としてではなく、住民が、地元の技術・産業・文化を土台として、地域内の市場を主な対象に学習・計画・経営する地域開発である。第 2 に、自然の保全や美しい街並みをつくるというアメニティの拡充を中心目標とすることに加えて、福祉や文化の向上、人権の確立という目標（総合目標）をもつ地域開発である。そして、第 3 に、産業開発を特定の業種に限定せず、地域産業に付加価値をつけるために地域産業連関を図る地域開発であり、第 4 に、住民参加の制度のもとで、住民の意思を反映する自治体に対して、資本や土地利用を規制できる自治権を与える地域開発である。その後、主に地域経済の研究者が、内発的発展論の精緻化を進めた。

地域主義と内発的発展論を比較検討した先行研究については、中川秀一らが、日本の内発的発展論の源流を 1973 年に提唱された地域主義に求める見解を挙げたうえで、玉野井が主宰していた地域主義研究集談会に、鶴見が早い段階から参画していたことを指摘した（中川ら 2013、381 頁）。また、新原道信は、「自分の社会の遺産（文化的遺産および伝統、歴史）と、自分の社会を取りまく自然環境を無視した近代化は、発展とは呼ばない」と述べた鶴見が、

“発展の内容”に関する考察を深めたことを評価し、従来の開発・発展の理論の中では、このような視点が充分に検討されてこなかったことを指摘した（新原 1998、68、76 頁）。そのうえで氏は、「いかなる発展か」「誰のための発展か」についての考察を、生命系の経済学を説く玉野井の仕事の中にも見出せることを付言した。このほか、松宮朝は、内発的発展論の系譜を遡った先の根源的研究として玉野井の地域主義を取り上げた。氏は、鶴見が、「地域分権」「エコロジー」「エントロピー」「生命」「ハウスホールド」などの概念によって地域的認識を深めただけでなく、その「原型理論」を内発的発展論へ引き継いだことを指摘した（松宮 2001、46 頁）。

同時代に生きた玉野井と鶴見の研究上の接点を見ると、鶴見自身は「内発的発展論の系譜」と題する代表的な論稿において、内発的発展を定義づけるとともに、内発的発展の単位として国家の下位体系としての地域を措定した（鶴見 1989、50-53 頁）。その過程で、地域を小さく限定し、「土地と水」、エコロジーに基づく人間生活の営まれる場所を強調すべく、玉野井の地域主義を高く評価した。両者は研究会などを通じて交流があったが、両者が関わった論稿は、雑誌『現代の眼』（1981 年 6 月号）の対談特集が残るのみである。この対談では、風土的個性、歴史と伝統、社会と文化、生命系などを要諦とする分析視角の類似性を確認するとともに、台湾や沖縄、西欧の農法、地域主義と内発的発展論などに関して意見交換が行われた（玉野井・鶴見 1981、48 頁）。そのなかで、鶴見は、玉野井が主唱する「開放定常系」と「エコノミーとエコロジー」の概念が、抽象度の高い普遍的で一般的な理論であることを指摘しつつ、両者の類似性も強調した。その主旨は、開放定常系そのままではなく、“水と土を含む自然生態系が地域によって異なる”という見方が重要だという主張であった。そうすれば、各地域に適合したテクノロジーが現れるとともに、地域に蓄積されてきた民衆の知恵は、外からの刺激によって発展し始める。鶴見は、住民の活動と住民の知的創造性を何よりも重視したのであった。

以上に述べた通り、両者の業績を取り上げる理由は、これらが地域産業論や地域社会論の理論的支柱となりうる重厚な地域論を展開し、相補的な関係性をもち合わせているためである。換言すれば、地域主義は、超長期的な視点で生命と自然生態系を保全する立場から、科学文明や産業の民主的制御を求める規範的理論であり、ことによると産業の定常化すら要請する。これに対し、内発的発展論は、住民による自治の範囲内で、地域産業の発展を目指すための諸規範を掲げた。したがって、両者を架橋することは、たとえ従来型の経済が理想的に機能したとしても、自然生態系を破壊して人間存在を無力化する傾向を必然的に内包しているという、従来型の経済がもつ転倒性を俎上に載せることだけに限られない。すなわち、生命存在に最たる価値を置くがために経済活動を等閑に付すことを否めない地域主義に内発的発展論を編み込むことで、生態系を保全しながら住民の必要の範囲内で経済と社会の発展を期する総合的・折衷的な視点をもつことができるようになる。

こうして、地球生態系に負荷をかけるこれまでの経済の大量消費性向を見直すだけでなく、各々の人間が、その力量と需要の限度内で地域活性化に向けて能動的に組織していこうとする動態を明らかにすることができると考えられる[2)]。

2　玉野井芳郎の地域主義

（1） 開かれた地域共同体の構想

我が国では、大正時代以降の施策に見るように、集権制の経済決定方式と産業主義という工業化方式が採用された。戦後、アメリカ合衆国の占領下で市場経済を追求する制度を獲得したが、その反面で異常な工業化と産業的生活の普遍化がもたらされた。その結果、公害や環境汚染などの社会的症候群の発生や、資源・エネルギーの枯渇が問題視されるようになった。ほどなくして、再生可能エネルギーが普及する過程における原子力の平和利用を典型として、人類に恩恵をもたらすとされた高度な産業社会が築き上げられた。このような状況下で、玉野井芳郎が開示した観点のひとつは、日本経済の産業化過程の「臨界」、あるいは次世代を巻き込む「カタストローフ」（玉野井1982、89-106頁）などと表現される危機的事態が、状況次第では発生しかねない時代が史上初めて到来したという懸念であった。すなわち、この考えによると、従来型の巨大科学技術や大量生産様式は、決して必要に応じて人類の思うままに取り扱えるものではないと解される。あわせて、巨大主義を推進してきた国家主導による政策決定方式の問い直しを課題に挙げたうえで、人類が歴史的転換点を迎えたという現状認識に基づいて、氏は次のように提起した。

> 今日に予感される転換の社会的意義は決定的である。それは、政官産癒着に基づく国レベルの“総合的”政策決定のあり方と、巨大科学を無制約に容認する集中的な工業化方式に対する根本的な問い直しにあることが分かるであろう。もしもそうであるなら、これまでの中央中心の時代に代わるもうひとつの時代は、容易ならぬ変革の時代を意味することになる。(中略)。それは“中央”を、個性的諸地域の自立に基づく地域分権に照応する、“あるべき中央”へと復位させるものといってよい。
> (玉野井 1979a、165 頁)

氏が歴史的転換を要請した理由は、地球という生命体を含めた生態系が危機に陥っているからであり、またこのような事態が、集権的な政治経済体制に端を発すると考えられるからでもある。月日を経るにつれて、その体制は垂直的な性格が支配的になってきた。現代社会では、国民のエネルギーの大半は国土の中央に集中し、コミュニティへの共感は驚くほど希薄化するようになった。このような状況を背景として、氏は、生態系の循環や人間の営みのような「生きとし生ける物」が看取される地域に注目し、地域の自主性を引き出して地域の自立性を高めることを何よりも求めた（玉野井 1978a、5 頁)。

ここで、誤解を避けるために付言すると、地域主義は、政治上の特定の信条を指すものではなく、ドイツの小説家であるトーマス・マンの言葉を援用し、「非政治的な市民文化の勃興」（玉野井 1977a、はしがき３頁）を目指すべき旨を提起するものである。こうして、氏は、市場経済と市民社会を突き抜けた地平に登場すると思われる最良の新世界が、地域主義を採用することで得られるという定見を示した。ここでの非政治的とは、社会科学の経済学が扱う研究領域を実証研究に狭めるものではなく、単なる主義主張でもない。要するに、純粋な社会科学に基づいて地域主義の研究を進めていくべき旨の宣言にほかならない。氏の立場は、現代という時代を表現する際の、「金や政治権力を優位とするMachtの世界から、あらためて真のRecht（法と正義）の世界を復位させていく努力を開始しなければならない時代と考えられるのである」（玉野井1977a、はしがき3頁）という言及にも明確に表れている。

地域主義宣言と地域主義の定義は、次の通りである。

> 地域主義宣言とは、各地域に住むひとり一人の考える人間の手で、これから時間をかけて、書き始め、書き直し、そして書き上げられていくような性質のもの（である）。（玉野井1978a、4頁）

> 地域主義とは、一定地域の住民が風土的個性を背景に、その地域の共同体に対して特定の帰属意識をもち、自らの政治的自律性と文化的独自性を追求することをいう。（玉野井1974、12頁）

また、地域主義を提唱した理由と背景は、次の2点である。第1に、公害問題を解決に導くと思われる生態学が、地域社会の環境と景観を考える際に、不可欠だからである。こうしたなかで、欧州の歴史学界で、地域史の研究が蓄積されてきたことも背景のひとつである。第2に、従来、国益中心のナショナリズムを克服する道は、国際的相互協力のインターナショナリズムに求められてきたきらいがあり、そのための議論はグローバリズムにまで広がりつつある。しかし、ナショナリズムを克服する階梯は、その他にもあると考えられるからである。

したがって、地域主義が目指す方向は、国家の枠を国外へ向けることではない。それは「国の上に超国家を拵えるという方向をバイパスし、国の基底にある地域または地帯の次元で、国と国との枠に跨って何ほどかの統合空間を見つけ出していく方向」（玉野井 1977a、9頁）と換言される。国内の地域には、習俗や産業、教区、考え方などを同じくする人間の小さな共同体が、無数に存在する。このような共同体の考え方は、西欧諸国の統合化への方向として周知されている実験的視座のひとつである。もはや、「中央か地方か」という従来型の二者択一の概念は通用せず、いまや地域主義の問題意識は、そのような体制を乗り越えて出発する必要に迫られている。すなわち、

> “地方”は本来、“中央”と同一平面上の単数の地域ではなくて、歴史と伝統を誇る複数的個性の地域から成っている。今日、予想以上の共感をもって各地に広く迎え入れられている“地域主義”の方向と展望は、劣位の“地方”として優位の“中央”に抵抗する従来の図式にとどまるものではない。さらにこの図式を超えて、これらの諸地域に自分をアイデンティファイする定住住民の、自主と自立を基盤として作り上げる経済、行政、文化の独立性を目指すものといえる。（玉野井 1978a、6-7頁）

期待される地域産業は、いきなり中央につながる効率本位の市場経済ではなく、中央から出発する既存の行政システムでもない。なおかつ、文化は、中央文化や輸入文化の影響から解放されなければならない。こうして地域主義は、住民の自発性と実行力によって地域の個性を活かし、産業と文化を内発的に創り上げていくことを目指す。鮮明に打ち出される視点は「下から上へ」の方向性であり、時と場合によって、国家権力や官僚機構の軌道修正を促していくことを斥けない。

また、企業誘致や交通網の整備だけを策定することは、必ずしも地域主義と結びつかない。例えば、豪雪過疎の山村を見ると、道路や地区コミュニティーセンターのような基盤整備は完成しているが、住民は地域共同体の連帯感を喪失し、農業の意欲が減退している現状が否めない。産業の垂直的関係が広がる一方で、地域の水平的連帯は衰退が著しく、不安定な兼業農家の増加は、過疎化が進む山間集落で際立っている。こうした現状を受けて、地域主義は、「ものづくりから生活づくりへ」の転換に向けて、「下から上への情

報の流れ」と「地域と地域との横の流れ」（玉野井 1978a、9頁）を広く創り出すために、開かれた地域共同体を構築することを謳った。[3)]

本項の補足として、「琉球エンポリアム仮説」と、その後の議論展開にもふれておきたい（多辺田 1999）。玉野井が東京大学を定年退官して沖縄国際大学に赴任して4年後となる1982年3月、南島文化研究所で行った講義「アジアを見る目」（玉野井 1982）にこの副題が添えられた。多辺田政弘は、玉野井が翻訳を手掛けたカール・ポランニーの『人間の経済』（Polanyi 1977）の一節で、地域生活の一部をなす地域市場と対外交易を行う対外市場[4)]が、発生論として全く別のものとされていることに着目し、玉野井が地域主義の立場から人々の日常生活の安定化を図るべく、"内的市場"の再生に目を向けさせようとしていたと推察している。ここから氏は、中村尚司の「信用の地域化」論（中村 1993）を引用しつつ、信用の脱商品化による人格的な信頼関係の取り戻し、地域環境と共存できる物質循環、地域経済循環の形成のために、住民主体で設立される地域通貨循環の試論に至った。かくて、ポランニーの「社会から突出した経済を再び地域社会に埋め戻す」ための方向として、地域通貨論を提起した。

（2） エントロピー経済学の創成

地域主義が明文化された背景には、熱力学第二法則（エントロピー増大の法則）に基づく「エントロピー経済学」と呼称される生命系の経済学の規程を見て取れる。

かかる研究の端緒として、1970年代以降のアメリカの経済学界において、ケネス・エワート・ボールディングとニコラス・ジョージェスク－レーゲンの論争が行われた。アメリカの思想家、リチャード・バックミンスター・フラーの世界観を経済学に導入して「来るべき宇宙船地球号の経済学」（Boulding 1966）を著し、資源が限られた生態系に経済システムを適合させる必要性を主張したのがボールディングであった。ゴミをリサイクルすればエントロピーの増大を解決できるという氏の命題に対して、ジョージェスク－レーゲンは完全なリサイクルは不可能と反論し、人間社会の活動はどのようにしても環境を悪化させてしまうため、人間が最大限なしうることは資源の不必要な消耗と環境の不必要な悪化の防止にすぎないと結論づけた（Georgescu-Roegen 1975）。これを受けて、ボールディングは、まき散らされたものを収集するエネルギーが膨大になる可能性に言及し、リサイクルを究極の解決策とする自説を撤回することとなった（Boulding 1981）。他方、日本国内におけるエントロピー経済学の研究は、1970年代後半に、玉野井と資源物理学の槌田敦の2人だけの研究会として発足した。オーストリアの理論物理学者、エルヴィン・シュレーディンガーの『生命とは何か』を精読することから始まり、1995年の槌田らによる『循環の経済学』に結実した（槌田 2014、203-204頁）。

槌田によると、ドイツの理論物理学者、ルドルフ・クラウジウスの命名による「エントロピー」という言葉は、変化を意味するギリシア語に由来する。氏はその特性を最もよく表現する日常語として「汚れ」または「汚れの量」と換言し、すなわち廃物・廃熱を循環し、洗い流す「低エントロピー資源」の存在を要訣とした。その流れを表す適例である熱機関では、燃焼して高温熱（資源、動力源）が低温熱（廃物、廃熱）に至ることで動力が生産される。その際、生産の結果として生じる廃物や廃熱をどのような方法でどこに捨てるか、いかにして元の資源に回復させるかが問われることとなり、そのためにエントロピー経済学の構築を進めていくことが肝要とされた（槌田 1986、15-40頁）。

他方、数理経済学の室田武は、イギリスの経済学者、ウィリアム・スタンレー・ジェヴォンズがイギリスの進歩の過程で石炭の枯渇に注意を促すために1865年に著した『石炭問題』（Jevons 1865）を紹介し、アダム・スミスから始まる経済学体系で、地球資源の埋蔵量の有限性が唱えられたことを評価した[5)]。しかし、拡大再生産の前提をとり続けるマルクス経済学の視野の狭さ、後年の主流派経済学による失業問題や需要不足への対応、科学技術の進歩に対する絶大な期待などから、その先駆的な発想は発刊当時には十分に理解されることはなかった。エントロピーや資源問題に対する経済学の無関心は、その後も続くことになったが、我が国では1960年代に入って公害問題が激発したことで、経済発展の根底に資源の食い潰しや禍の伏在たる法則が作動していることを多くの人々に気づかせ、ようやくこの問題を避けて通れなくなったのである（室田 1991、59-81 頁）。

ここで、玉野井の論脈に従うと、人間は、道具や機械という生産手段を外界との間に挿入して自然に対して働きかけ、原料と労働エネルギーを投入して生産される産出物の一部は、生産手段の補填に向けられ、ほかは個人的消費に充てられる。物とエネルギーの連続的な再生産が自然に可能となるような低次の生態的循環システムが暗黙に存在し、それ以外の物は大地という自然の手にすべて返されることが想定される。ところが、いまや循環の軌道を離れていく汚染物質や処理困難な老廃物が大量に出現し、投入源泉そのものを攪乱し始めるようになった。してみると、かかる循環システムに何らかのエコシステムを安定的に連結させることで、工業社会のエントロピーを減少させうるような、より高次の循環システムが構成されなければならないことが明らかである（玉野井 1971、38-57 頁；玉野井 1975、226 頁）。

> 社会科学者は、人間をいきなり問題とする前に、生命という大事な問題の所在を突き止めておく必要が生じたといえる。そして、人間的動物の生命の維持には、植物という生物個体群が不可欠な共存的関係に立っていなくてはならないものだということも段々と分かってきた。人間はひとつの地域的生態系の中に生きているのである。（玉野井 1977b、355 頁）

農業と工業の根本的差異に基づく論及によると、農地を取り巻く生態系の内部では、食物連鎖の過程を通して全ての生物が他の全ての生物と結びついている。人間という生物もその例外ではない。土壌と植物が連関する陸上の生態系となると、太陽のエネルギーを食糧に転換させる農業活動において、その原理が遺憾なく発揮される。生命に必要な有機物質は、太陽エネルギーに基づく光合成によって一度作られると、植物→動物（人間を含む）→微生物の順で形態を変えていき、最終的には無機質の栄養プールとなって再び植物によって吸収、利用されることになる。土壌という環境をめぐり、人間ではなく、植物がいわば生産者として登場している世界である。農業とは、動植物を含めた自然環境と土壌の成育に依存する産業であるため、生態系に脅威となる要因を取り除き、生態系の営みを保護し促進するような配慮が慎重に講じられる必要があるとする（玉野井 1977a、183頁）。一方、

> 農業と違って、工業活動からは様々な形で便利なもの、快適なものが作り出されてきた。それとともに私たちは、進歩はすべて良いものと考え、エネルギー中心の工業文明の進歩を無条件に謳歌してきた。しかし、そうしたエネルギー万能の人間の営為が、これまでのように無反省に繰り返されていくなら、その行き着く先は、死滅の世界しかないのではないか、ということが多くの人によって気づかれるようになったのである。（玉野井 1977a、177頁）

自然生態系システムの循環過程で行われる農業は、地表に降り注ぐ太陽光線のエネルギー利用、光合成によって実現する。こうして低エントロピー物質である有機物質を作り出すが、この過程は工業の生産過程とは全く異なるものであり、要するに孤立化しえない生態系システムに支えられているのである。かくして、農業活動は、人間の生命を維持して守るという点で、現代の産業の中の最も大切な基礎部門であるから、工業ではなく農業を中心に、牧畜、林業、水産業をワンセットとしてまとめ上げた〈第一次産業〉を創り、産業構造の中の本来あるべき基幹的地位へ復位させる必要があるとする。

しかしながら、近代化とともに工業と同様の効率性原則が農業に導入され、所得の最大化のために“農業の工業化”が進められるようになった。この過程で、化石燃料のエネルギーが主に利用されてエントロピー増加現象が引き起こされ、化学肥料や殺虫剤を用いる物質の流通の一方通行化が進められてきた。都市を中心とする工業活動の拡大は、従来のフロー中心の経済成長の延長上に、自然の蚕食を伴う土地の投機やレジャー施設の開発も増やしてきた。したがって、自然生態系システムに不可欠な農業活動を都市と工業の論

理の中に組み込むことを止める、という選択肢を掲げていく必要がある。このことは、工業的農業が進行しつつある農村を、自然生態系システムの中に復位させることにほかならない。ここでいう農業とは、単に食糧供給や原料供給を担う生産活動としてだけでなく、植物による温度調整、空気の浄化、水系の循環、自然的景観の保全など、人間生活の審美的・文化的側面に貢献しうる活動空間として捉えられた（玉野井 1975、194 頁）。

さて、生産論と並行的に崩壊論を想定し、生態系の維持を経済活動の基礎に据えるこの広義の経済学は、実際にいかなる示唆を与えているのであろうか。槌田、室田、玉野井の三者が挙げた国内地域の事例として、水問題に関する議論を挙げると、京阪神を統括する行政担当者が構想した琵琶湖総合開発などを例に、住民の決定によらない大規模開発を問題視した一方で、農家自身が作るケースの多さから地域における水車[6)]の技術と存在に大きな関心を寄せて、そこに農民生活の歴史、住民の主体性、行動の軌跡があることを認めた（室田 1985a、99-114 頁）。他方、食糧の生産方法については、家族が人間社会における生命の単位であること、必要な土地面積が小規模に限られ、無農薬の農業が実現できること、海や里山からの刈敷のみで土の定常化が十分維持されることなどから、家庭ごとの自給を農業の望ましい形とした。土地ごとに最適な生活様式を作り上げて満足することで人間は幸福になれるという考えをもとに、水循環と生物の共生に関する地球の能力の範囲で生存することを人間社会に求めた（槌田 1982、171-186 頁）。

食品小売業の流通方法については、〈細分・分散〉と〈地域性〉という重要な特性が備わっていることが求められた。生鮮食品の場合は、地域性からくる制約には無視しがたいものがあり、とりわけ農産物については、食品の鮮度と適熟、第一次産業として不可避の収穫の自然的変化への対応などの点で、地域性にかかわる何らかの品質差別性を考慮せざるをえない。それゆえに、生産地から出荷される生鮮食品のルートについて、中央卸売市場を経由する流通形態とその機能を絶対視することを避ける必要性が説かれた。この観点から、従来の卸売市場経由の販路と違って近距離への地場産品の出荷が重視される「産直」（産地直結、産地直送、産地直売）の社会的実験が意味のあるものになるとされた。[7]

> この“共同体”というものは市場と工業の世界の彼方にあって、むしろこれを基礎づける世界より構成されるものだ（中略）。それは、生命系の世界、土と水の母胎の中で生きているもの同士が関係し合う世界、人間と自然の共生する低エントロピーの開放定常系の世界、言葉の本来の意味での第一次産業に関わる世界に他ならない。（玉野井 1978a、16-17頁）

（３） 内発的地域主義と国家論

現在の社会経済システムの中に生態系の概念を導入することは、現在の統治構造の中に地域主義の概念を導入することに等しい。「地方」は「中央」に依存しかつ反発する概念であるため、「中央」の概念は、「ひとつの地方としての中央」に還元される必要がある。元来、地域主義は欧州的な伝統であり、とりわけ西欧諸国を見ると、「柔軟な国家の枠組みから一段低い基底領域へ還元される方向性」（玉野井 1974、13頁）を読み取れる。さらに、各国がかかる伝統を国内の各地域に色濃く残しているという指摘は正鵠をえる。一方の日本は、「地域主義の芽」を摘みながら資本主義化を進めて高度経済成長を成し遂げて、一定の物質的な豊かさを獲得したが、経済と行政の集権化が極点に達した感がある。それゆえに、産業構造の転換を求める地域主義の再生が、今という時代の最重要課題のひとつとして定立された。個性的な生態系と景観の保全をふまえて、誇りうる歴史と伝統、文化を再生することで、複数の地域性が現れるようになると解される。

こうして、あるべき中央地方関係については、国の次元と異なる理想的な地方像が求められ、人間の生き生きした生活感情や伝統を誇る地方の時代は、「諸地域の時代」と呼称される。玉野井によると、そのような時代の成立条件は、次の２点である。第１に、諸地域の自立に基づく地域分権に照応させて、中央を「本来の中央」に復位させなければならない。これは、中央の存在を否定し、無政府の混乱した体制をつくる方向では全くない。第２に、中央の働きかけを制御して地域の自立を目指すために、新たな運動の原理が確立されなければならない。以上の考えに基づき、国が主導する「官製地域主義」と区別するために、次のように「内発的地域主義」を定義した。

> (内発的地域主義とは、)地域に生きる生活者たちがその自然・歴史・風土を背景に、その地域社会または地域の共同体に対して一体感をもち、経済的自立性をふまえて、自らの政治的・行政的自律性と文化的独自性を追求することをいう。(玉野井 1979c、19頁)[8)]

いくつかの補足を加えると、共同体と一体感をもつことは、社会認識の根源的な問題意識であり、アイデンティティの発見、またはアイデンティフィケーションの確立を意味する。人間が自らの「生」を地域社会に反映させることは、地域主義の定義が含む最大の思想である。また、経済的自立とは、閉鎖的な自給経済を意味するのではなく、アウトプットの自給性よりも、インプットの自給性が求められるべきことを強調するものである。特に、住民が「土地と水」と労働を各地域で確保し、その領域でこれまでの経済の制御を考えることを企図する[9)]。

すでに述べたように、地域主義は、歴史的事実として国家の枠組を前提としながら、地域分権の原理に基づいて地方自治体を問い直すアプローチである。この接近法の特徴は、近代社会を重層的にイメージし、社会システムの基幹単位を「下方」に置くことである。従来、国家の構成員は国民であり、社会の構成員は市民とされてきた。しかし、この従来型の見方は、旧来の行政制度の中で地方の立場を強化したにすぎないため、地方の力が地方を活性化することにはならない。したがって、地域主義が想定する多重的社会像は、「中央と地方」の二層モデルではなく、少なくとも「三層以上の多重的地域空間」モデルが導入されたものとなる(図1-1)。この構図は、近代社会を多重的・重層的に仰望するとともに、国家体制の再編成について国家内部から端的にイメージすべく図式化されたものである。こうして地域主義の文脈では、人間と人間との社会関係が、人間と自然との根源的なコミュニケーシ

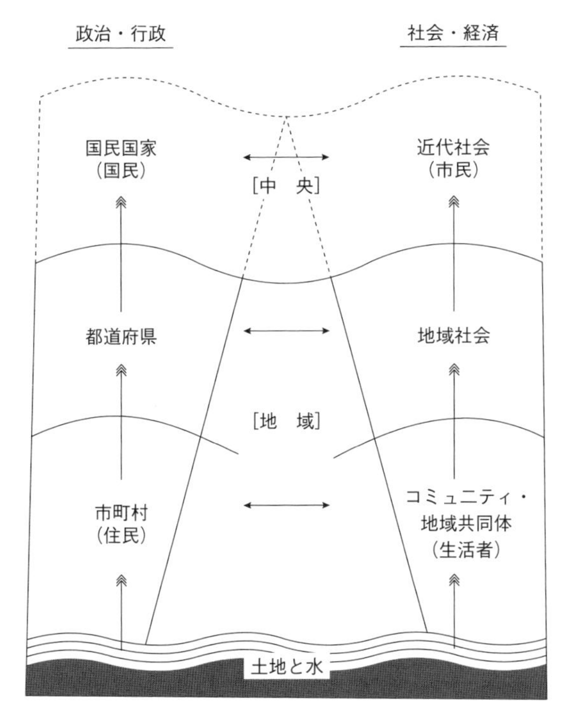

図 1-1　地域の基層に［土地と水］を据える多重的構図

（資料）玉野井（1979a）、168 頁、玉野井（1979b）、24 頁の掲載図より作成。

ョンを媒介的基礎として初めて成り立つようになると見なされる。すなわち、

> 土地と水の利用を含めての人間生活の日常性にかかわる諸問題、わけても生活環境、保育養老などにかかわる文化、生活上の諸問題については、その決定の主体は、国や社会のレベルにおける抽象的個人ではなくて、諸地域のレベルに位置する地方自治体であり、正しくはそれを構成する地域住民＝地域に生きる生活者でなければならない。（玉野井 1979a、168 頁）

また、地域主義が展望する国家体制は、次の通りである。

地域主義の思想は、既存の国家体制を内的に再編成する原理を含んでいる。とりわけ日本のような一点中心型の単一国家の場合には、これを改めて美しい自然と古い歴史と誇るべき風土を、十全に生かしきれるような多中心型の複合的な近代国家へと転換させることが可能となるであろう。(玉野井 1979a、167 頁)

ここで、行き詰まりが指摘されている政治や経済の基本的諸側面について、今一度、地域主義の立場から把握すると、次のようである。それは、第1に中央中心の政党政治の限界、第2に人間や自然を論外とする従来型の経済の限界、第3に画一的な科学文明の限界である。ここに集権主義と工業主義の問題点が浮かび上がり、今まさに3つの行き詰まりを問い直すべき新時代の様相を呈する。これら3つの限界を克服するための途を探し求めると、これらの限界を超える地平に、国家論としての地域主義の思想が立ち現れることになる。この思想を欧州に照らしていえば、「特殊西ヨーロッパ的なものとして、地中海域及びアルプス以北の生活に根差したヨーロッパ大陸の思想」(玉野井 1979b、23 頁) が理想的なモデルとなる。

要言すれば、地域主義は社会の重心を「下方」に置くことは先述した通りであるが、このことは取りも直さず、社会システムのイメージが、偏平ではなく立体的かつ多重的なものとして素描されることに相通じる。これまでは、国民や市民という抽象的個人が、国家や社会を構成することが想定されてきたが、地域主義はこのような平面的な接近法をもたない。地域主義は、多重的地域空間を導入して社会システムの基層に重心を置くことで、「人間と人間との社会関係」を、「人間と自然との本質的な関係」をふまえて捉え直すという転換を要請する。

こうして、国家の構成員は国民であり、社会の構成員は市民であるのに対し、「土地と水」が豊富な諸地域に生きる人間が、「住民」または「生活者」として認識されるようになることが求められる。同時に、人間の日常生活にかかわる諸問題の決定の主体は、国や社会のレベルから転じて、諸地域の生活空間に見出されることになる。日本列島の各地域が、中央に追随して副産物に与ってきた高度成長の時代とは異なり、いまや地域の原点に立ち返り、地域の風土と住民の個性を取り出してみようとする新たな発展段階にあることを、地域主義は結論している。

3　内発的発展論の展開

（1）　鶴見和子の分析視角

内発的発展論は、中央政府と大企業が主体となる従来型の地域開発を「外来型開発」と定義し、一方的に実行される外来型開発を批判して、諸課題を克服するために地域を活かす理論を体系化した。つまり、内発的発展論は、専ら「国内の地域」を対象に、外来型開発に代わる新たな社会発展のための規範を提唱したのである。この概念は、地球資源の有限性を訴えたローマクラブの『成長の限界』（Meadows et al. 1972）やストックホルムにおける国連人間環境会議のように、画一的な近代化に対する疑問が台頭し始めた1970年代に誕生した。転換期の国際情勢のもとで鶴見和子によって提唱された内発的発展論は、財政学の宮本憲一を中心とする研究グループによって精緻化された。従来型の単線的な近代化論に対するオルタナティブ、住民の主体性や創造性、環境や生態系の保全、生活の質的向上、地域外とのつながりを重視する。

内発的発展という言葉は、1975年に開催された国際連合の経済特別総会の報告『何をなすべきか』にまで遡る。この総会において、スウェーデンのタグ・ハマーショルド財団が「もうひとつの発展」（Nerfin 1977）という概念を提起し、その属性として「内発的」を「自力更生」と並行して用いたことを嚆矢とする[10)]。一方で鶴見は、社会学のタルコット・パーソンズの近代化論で、内発型（endogenous）と外発型（exogenous）が区分されていることに着想を得て、この財団の提起とは関係のない立場から提起したとされる。その理論体系の基底には、「内発型は近代化のモデルを自己の社会の内部からゆっくり時間をかけて自力で創出し、外発型は自己の社会の外からモデルを借用して近代化を進めた。前者は厳密にはイギリスのみであるが、アメリカ、フランス、ドイツがこれに準じる」(鶴見 1976、60 頁) という認識がある。なお、1912 年に和歌山市で開催された「現代日本の開花」と題する講演会で、鶴見は、夏目漱石が「西洋の開花は内発的であり、日本の開花は外発的である」と語ったことを指摘し[11]、両者が同じ言葉を使いながら異なる見解を示した点を強調した (鶴見 1997、12 頁)。

内発的発展論の定義にあたっては、その土台となったのは民俗学者の柳田國男や南方熊楠らの思想である。鶴見は「西欧理論の歴史時間の切り方を階段モデルとすれば、柳田の歴史時間の切り方は氷柱モデルと呼ぶことができる」と評し、日本の論者とパーソンズとの視点の差異に言及した[12]。こうして柳田の見解を採用する鶴見は、次のように内発性原理を説明した。

> 近代化とは、先発国から後発国へ、一方的に手本が貸与される過程ではなくなる。それは、先発国も後発国もふくめて、それぞれの社会の伝統を、民衆の貧しさと苦しみをなくす方向へむかって作りかえてゆく過程である。とすれば、手本はイギリス、アメリカ、ドイツ、フランス等に限定されない。地球上にある社会の数ほどのおびただしく多様な手本が提供され、西欧および非西欧の諸社会相互の手本交換が、さまざまの分野について、活潑におこなわれることを展望する理論となるだろう。
> (鶴見 1974、152 頁)

ここでの要点は、内発性と外発性が二者択一の概念ではないということである。内発的発展論は、世界に先駆けて内発的発展を遂げた西欧先進国を参考にして、国家のレベルであれ国内の地域のレベルであれ、"社会"が自力で独自的な発展を遂げるべき旨が謳われたと解されるのである。その定義は次の通りである。

> 内発的発展とは、目標において人類共通であり、目標達成への経路と、その目標を実現すると考えられる社会のモデルについては、多様性に富む社会変化の過程である。共通目標とは、地球上すべての人々および集

> 団が、衣・食・住・医療の基本的必要を充足し、それぞれの個人の人間としての可能性を十分に発現できる条件を創り出すことである。それは、現在の国内および国際間の格差を生み出す構造を、人々が協力して変革することを意味する。（鶴見 1989、49 頁）

こうして、内発的発展を実現するためには「そこへ至る経路と、目標を実現する社会の姿と、人々の暮らしの流儀とは、それぞれの地域の人々および集団が、固有の自然生態系に適合し、文化遺産（伝統）に基づいて、外来の知識・技術・制度などを照合しつつ、自律的に創出する」（鶴見 1989、49 頁）ことが欠かせない。別言すれば、「内発的発展とは、人間生活のさまざまな側面における創造的構造変化の過程だということができる」（鶴見 1996、14-15 頁）、あるいは「それぞれの地域の住民の創意工夫によって自分たちの自然環境に合った、自分たちの文化的な伝統に見合った、そして人びとの生活の必要に応じた発展をそれぞれ違うかたちで、それぞれの地域でやっていくこと」（鶴見 1997、16-17 頁）と言い換えられる。先述したように、ここでの地域は、国際関係論のリージョナルではなくローカルという意味である。それは住民が活動する領域の「国内の地域」を意味する[13)]。なお、これはプリンストン大学で自身が師事したマリオン・リーヴィの依拠する近代化論の否定ではなく、イギリスの近代化論だけでは非西欧社会の発展を説明できないため、それぞれの社会が自らの社会の本質に適合した発展形態を採るべき旨を規範化したものである（鶴見 1997、19 頁）。また、権力の獲得を目指さない連合体を意味する「マーク・ネルフィンの第三システム」の概念を挙げ、内発的発展が多様な第三システムのひとつであることも指摘した[14)]。

そのうえで、多様な発展の経路を開拓する主体として、「地域の小さな民」を意味する「キーパースン」の概念を引き合いに出した。もともとキーパースンとは、哲学者の市井三郎の造語である。鶴見は「洋の東西を問わず人間の歴史には、《すぐれた伝統形式→形骸化→革新的再興》という共通したダイナミックスを長期的に観察することができる」（市井 1971、145 頁）と市井の概念を引用したうえで、「地域の小伝統のなかに、現在人類が直面している困難な問題を解くかぎを発見し、旧いものを新しい環境に照らし合わせてつくりかえ、そうすることによって、多様な発展の経路を切り拓くのは、キーパースンとしての地域の小さな民である」と言明した。こうして、キーパースンの役割を内発的発展の決定項に仮定し、次の通り掲出した。

> 不条理な苦痛を軽減するためには、“みずから創造的苦痛を選び取り、その苦痛をわが身にひき受ける人間”（市井 1971、148 頁）がいなければ不条理な苦痛を減少することはできない。そのような人々のことを、市井はキーパースンと呼んだ。（鶴見 1989、59 頁）

こうした観点に立脚する内発的発展の研究は、「小さき民の創造性の探求」（鶴見 1989、59 頁）とも換言される。さらに、「古くから伝わる型を、新しい状況から生じる必要によって、誰が、どのようにつくりかえるかの過程を分析する方法が、内発的発展の事例研究には不可欠である」と述べて、キーパースンが伝統の再創造を行う必要性を提起した[15]。なお、創造の意味を「古い知識を現代の状況に合うように作り変えること」（鶴見 1999、33 頁）と定義し、創造性を「①考えの新奇な組合せ、ないしは異常な結合、②その組合せまたは結合は、社会的ないしは理論的な価値をもつか、または、他者に対して感情的な衝撃を与えるものでなければならない」と定義したイギリスの心理学者、フィリップ・ヴァーノンの論稿を参照した（鶴見 1998、386 頁）。

なお、鶴見には、「エコロジー思想の源流」（室田 1987、155-189 頁）と題する室田武との対談がある。熊沢蕃山のほかに生活の基本としての水土論を展開した江戸時代の人物として大原幽学を挙げて、遠方から安価で入手できた魚肥、干鰯（ほしか）の使用に反対し、その当時に地域内の物質循環を創るよう農民に説いていたという幽学の慧眼をともに評価した。また、柳田國男の体系の中に、地域内および地域内外の循環を創ろうとする思想があることを指摘し、それをエントロピー経済学に結びつく考えとした。すなわち、日本的な生活様式としての晴（はれ）と褻（け）のリズムを、自然の推移や循環と同様のリズムと見なし、自然が人間の生活を貫いているという柳田の視点を、エコロジーでありエントロピーでもあると論評した。ついては、鶴見と室田両氏がもつ理論体系に通底するものとして、自然生態系の中で生きている人間存在への理解があることで意見の一致をみたのである。

（２） 地域経済論の分析視角

農村開発の方向性については、冒頭に挙げた宮本憲一に加えて、保母武彦の内発的発展論が知られている。氏は、全国各地の農山村での実地調査とアンケート調査の結果に基づいて、それまでの諸説を整理して農山村の振興の政策を定めた。その定義は、過疎化を克服する包括的な方法として３点にまとめられた（保母 1996）。また、守友裕一は、金銭に限らない豊かさの追求や人間の全面的な発達を目標に掲げて地域づくりを進めていく必要性を指摘した。氏は、都市農村交流や地域内に住む人間の紐帯が、真の豊かさや人間の発達につながることに言及した。また、相互の才能と差異、協同と連帯、人間発達を認めることが、真の豊かさを実現する地域づくりに貢献することを提唱した（守友 1991）。さらに、遠藤宏一は、長野県の農村を事例に、医療と福祉のネットワークによる活動の比重が他の産業に比べて高いことを解明し、このネットワークを地域再生のインフラストラクチャーと評価して、地域内に複雑な産業コンプレックスを形成する意義を述べた（遠藤 1998）。

内発的発展論への批判については、重森曉が、都市と農村の研究をふまえて、次のように総括した。第１に、日本の農業と農村の厳しい現状を十分に見ていないのではないか。第２に、かつての農山村振興運動がファシズムによって統合されたように、それは結局、上からの国家的統合への道を歩むのではないか。第３に、大企業の行動を抜きにして、農業や中小企業だけで地域経済の発展を成し遂げることができるのか。第４に、農村では有効であっても、都市における内発的発展の実現は不可能ではないか。第５に、金沢市の地方都市モデルは、地域内の格差構造や大企業の浸透を無視した美化論にすぎないのではないか、などである（重森 2001）。ただし、氏は、安東誠一が提起した 1960 年代以降の「発展のない成長[16]」を超克する理念として、内発的発展論の有効性は失われていないことを強調した。

こうした既往研究の中で、成瀬龍夫の論点は注目に値する。氏は、まず前提として「地域開発といえば、住民の所得収入の増大に直結する産業経済の振興や生産・生活の物的基盤整備という発想が従来まずなされてきたのに対して、（内発的発展論は、）地域社会における住民の人間的発達や生活の新たな連帯・共同性の創出を地域開発のあり方や地域づくりの目標としてより直截に示そうとするものであるといってよい」という見解を表明した。そのうえで、民主的な地方自治の支持のもとで、高い社会的欲望をもつ住民の貴重な運動実践としての内発的発展論を評価し、その主体として協同組合的住民運動を挙げた[17)]。この論点については、鶴見も同様の見解を示したといえる。彼女は、内発的発展を「社会運動としての内発的発展」と「政策の一環としての内発的発展」に区分し、次のように補足的に記した。

> 政策としての内発的発展という表現は、矛盾をはらんでいる。地域住民の内発性と、政策に伴う強制力との緊張関係が、多かれ少なかれ存続しないかぎり、内発的発展とはいえない。たとえ政策として取り入れられた場合でも、それが内発的発展でありつづけるためには、社会運動の側面がたえず存続することが要件となる。（鶴見 1996、27 頁）

要するに、従来型の全国総合開発計画はトップダウンの意志決定構造をもつが、こうしたなかでの地方自治体は、国の機能の肩代わりに終始することなく、住民のリーダーシップや主体性を尊重しなければならない。さらに、行政への依存心や画一性を蔓延させないために、地域課題の解決に資する運動論の側面が何よりも重要となる[18)]。

このほか、佐々木雅幸の「創造農村」（佐々木 2014）を、農村の内発的発展につながる論議として挙げておきたい。氏は、イタリアの自律的職人都市であるボローニャを事例として、共生的小企業群による「フレキシブル・スペシャリゼーション」の生産システムに注目した。そして、内発的創造都市が構築される金沢市の発展過程を分析し、地域内産業連関による地方都市の内発的発展の可能性を示した（佐々木 1997）。こうして、都市研究のアプローチ

表1-1　地域主義と内発的発展論の分析視角

項目	近代化論	地域主義	内発的発展論
分析方法	国家を単位とする一般理論の検証	国内の地域を単位とする一般化に向けた理論の構築	国内の地域を単位とする一般化に向けた理論の構築
価値観	価値中立的	価値明示的	価値明示的
目標	経済成長	全ての生命を守るための「開放定常系」（生態系）の保全、経済成長	人間の成長、アメニティの拡充、福祉文化の向上、自治権の獲得などの総合目的
発展方式	工業化、規模と集中	地方のひとつとしての中央の復位に向けた認識と諸活動	外部の視点の導入、地域内産業連関、都市農村交流
自然との関係	―	社会の基層としての「土地と水」の保全、人間と自然との本質的なコミュニケーションの促進	環境・生態系の保全、環境権の確立
伝統	―	非政治的な市民生活の勃興	現代に合わない伝統の再創造
モデル	単系発展モデル	多系発展モデル	多系発展モデル
担い手	エリート	住民、生活者	キーパースン、有能な「ひと」

（資料）玉野井芳郎、鶴見和子、宮本憲一の各文献より作成。

である創造都市論（Landry 2000）を農村に適用し、文化芸術の創造性を活かすための「創造農村」を定義した[19)]。この議論は、世界で創造都市論が精緻化されてきた一方で、国内において長野県木曽町や徳島県神山町などでそのエッセンスを応用した先見的な地域づくりが進められてきたことに着想を得て生成されたもので、その理論的潮流は内発的発展論の系譜につながるものである。

先述したように、全ての人間は、主体性や創造性を発揮することができる。それゆえに、地域経営論では、人間の全面的な発達を目的とする基礎概念に沿って分析することが重要である。すなわち、地域に居住するキーパースンを地域づくりの担い手に位置づけたうえで、彼らが生態系の保全を図りながら地域資源を活用して伝統を再創造し、人間の成長を促す過程に着目することである。その要点は、住民の創意による地域資源を活用した運動であり、発展方式としての地域内の産業連関や経済循環、都市農村交流、発展目標としての生活の質的向上やアメニティの拡充、人間の成長である。

地域主義と内発的発展論の分析視角の要点を、近代化論（外来型開発論）

との比較に基づいてまとめた（表1-1）。

4 小 括

本章は、玉野井芳郎の地域主義と日本の内発的発展論の議論を比較検討し、地域産業や地域社会の発展方向を分析する際の視座を確定した。

本章で示した分析視角は、国内の地域を単位に、低い段階から高次の一般化に向けて徐々に理論構築を図るものである。発展方式は中央一極集中の見直しや外部の視点の導入などに基づく住民主体の活動や運動であり、発展目標は生態系の保全を前提にした経済発展、人間の成長、アメニティの拡充などである。担い手は地域に暮らす住民やキーパースンにほかならない。

地域主義の議論の出発点は、従来型の巨大科学技術や大量生産様式の発展が、生態系や生物多様性に少なからずの環境負荷を与えているという現状認識であった。その特筆に値する視点は、環境問題が拡大し続けていくことに対して、深刻な危機意識が示された点にある。エントロピー経済学の知見によると、経済活動の結果として現れる廃物や廃熱は、低エントロピー資源によって地球上で回復されてきたが、そのような資源は有限である。資源の不必要な消耗を防止する必要があるにもかかわらず、いまや効率性の原理が農業にも導入されるようになった。中央集権的な政治経済体制の高度化がこのような問題をより一層発展させる、と考えうる。それゆえに、玉野井芳郎は地域に立脚し、「下から上へ」の「三層以上の多重的地域空間」の統治構造が、「中央と地方」という従来型の統治構造の転換を促すことを求めたのである。

その含意は、「開かれた地域共同体」をベースに、住民の自発性と実行力を発揮させることで地域の個性を活かし、誇り高い地域の産業と文化を内発的に創造することである。この問題意識は、「地域に生きる生活者たちがその自然・歴史・風土を背景に、その地域社会または地域の共同体に対して一体感をもち、経済的自立性をふまえて、自らの政治的・行政的自律性と文化的独自性を追求する」という内発的地域主義の概念に結実した。地域の基底にある生態系と人間の生命維持に不可欠な「土地と水」は、「人間と人間の社会関係」、「人間と自然との本質的な関係」を介する社会的基層である。

地域活性化論では、アメリカ合衆国と西ヨーロッパ諸国の範例から、住民が地域づくりに主体的に関わることが求められ、地域慣習を法制度に反映させる住民の主体的かつ実践的な活動が望まれる。あくまでも、地域における「人間等身大」の視座に立脚し、社会大や国家大の思想ではなく「命の育まれるヒューマン・スケールの地域世界」の思想に帰依することにほかならない。かくして、地域主義に関する最も重要な研究課題は、公共投資や社会資本が住民の生産と生活にいかに貢献してきたかを解明することとされた。

一方、「内発性原理」で詳説されたように、日本の内発的発展論の分析視角は、先進国が発展途上国に手本を貸与してきた近代化の成立過程なるものに焦点を当てることではない。国内にある無数の小社会がもつ歴史や文化を典型とする非物質的価値の中に、小社会が発展する手本を見つけ出すことができる。すなわち、鶴見和子は、地球上で西欧と非西欧の両者が活発に手本交換を行うことを望む立場から、地域のキーパースンが地域の伝統改革を始めることを望み、そうした地域を見定めて様々な発展の過程を詳細に把握しようとしたのである。「それぞれの地域の住民の創意工夫によって自分たちの自然環境に合った、自分たちの文化的な伝統に見合った、そして人びとの生活の必要に応じた発展をそれぞれ違うかたちで、それぞれの地域でやっていく」。したがって、内発的発展論に基づく事例研究では、民衆の貧しさと苦しみを軽減することを視野に入れて、現代に合わなくなった古い伝統を住民（キーパースン）主体で作り変える過程を把握することに注力する。

そのうえで、地域産業の振興に向けて、以下の諸点を把握する必要がある。まず、地域活性化の鍵として、地域の技術や産業、文化を土台にして、住民は地域内の市場を対象に経営してきたであろうか。また、産業開発を特定の業種に限定せず、各産業に資金を行き渡らせてきたであろうか。付加価値を地域に帰属させるために、地域内の産業連関の構築や、資本と土地の利用を可能にする自治の権利を獲得してきたかどうかも重要な評価ポイントとなる。地域活性化の目標としては、生態系の保全や美しい街並みを作るというアメニティの拡充、福祉や文化の向上、人権の擁護などを実現してきたか否かをチェックする必要がある。こうして、潜在的な課題に向き合おうとする人間の力量が、従来の技術や工業化の改善を促し、人間が生きるグローバルな生態系とヒューマン・スケールの地域経済に貢献することになると考えられる。

第2章 農産物流通の構造再編と地産地消の活動展開I

1　本章の課題

本章の課題は、1970年代以降を中心とする産地と生産者の経済的・社会的地位の変容を見定めることに重点を置き、日本の卸売市場制度と集出荷組織をめぐる構造再編過程の総論を展開することである。本章と次章の分析によって、近年の農産物直売所や道の駅等、すなわち直接販売の興隆を、農産物流通論の視座で検討する。

最近における新しい農産物流通の起源は、江戸時代初期に成立した問屋制市場構造まで遡る。そこでの生産者は、親戚同様の関係性が構築された問屋に農産物を持ち込み、問屋との信頼的関係の強さが体現された条件下で農産物を販売していた。時を経て、1923年に制定された中央卸売市場法に基づく卸売市場制度の誕生[1)]によって、両者の関係性は徐々に弛緩し、固有の流通構造は、同法下で特権を保障された卸売市場と荷受会社に取り込まれた[2)]。戦後混乱期に入ると、1947年に制定された農業協同組合法に基づいて、農業協同組合（以下、JA）が組織されることで、生産者利益の増加や生産者の主体的力量の形成が図られた（御園・宮村編1981）。

その後における出荷販売に関するJAへの集約化、大型化、合理化は、零細的な生産出荷を伴う個々の生産者の市場対応の課題に対処する是正策となり、意義深い事業であったことを疑う余地はない。ただし、こうして個人出荷の弱体性が克服されたと見受けられる一方で、法の制定に伴う全国的な事業拡大は、適合できない弱小産地や小規模生産者の疎外をもたらし、JAの事業拡大に伴う様々な課題を生み出すこととなった（御園1988）。1980年代後半以降になると、国際化・自由化の推進によって、小規模農家の切り捨て、JAの事業基盤の衰退化、JA合併と事業の系列化、JAの金融事業の銀行化などの一層の進行が懸念されるようになった。かかる状況下で、農産物直売所や産直のような多様な流通チャネルを模索する運動が始まり、生産者、消費者、住民が協力し、自主的で創造的な農業が精力的に追求されるようになっていった（神田2001）。

食糧や農産物の流通に関する既往研究を通覧する限り、グローバル化の進展で進む卸売市場流通の再編過程の文脈が挙げられる。一例として、卸売業者（細川1993；山本1993）、集出荷組織（尾碕ほか2000）、量販店（菊池1995；坂爪1999）、輸入業者・輸入品（藤島1997）に関する論考が蓄積されている。しかし、こうした変動下の生産者的な位相、生産者の観点からの農産物流通の課題と解決策を検討した研究は非常に少ない。かかる激動の過程で、農家や農業従事者がいかなる課題に直面し、いかにして困難を超克してきたのであろうか。農産物流通に関する卸売業者と集出荷組織の構造再編過程の大局をつかみ、直接販売の興隆の背景と内容を講じて、第3章を含めて『地域主義の実践』の総説とする。

2　卸売市場制度と卸売業者の再編

（1）卸売市場制度の歴史

日本の食品流通を支える卸売市場制度[3]は、1923年に制定された中央卸売市場法[4]の公布を受けて始まり、同年に開設された京都市第一市場を嚆矢とする。高度経済成長政策で進んだ物価高騰への対処法として、1963年に生鮮食料品流通改善対策要綱が制定された。また、この要綱と同時期に制定された農業基本法（1961年制定）や農業構造改善事業によって、生鮮食料品の生産と流通の近代化と大型化が進められた。さらに、野菜生産出荷安定法[5]（1966年制定）に基づいて、安価な野菜の安定的供給が図られ、大消費地の卸売市場と大産地の集出荷組織との取引が推進された（日本農業市場学会編 1999、21頁）。

技術面では、包装・保管・運搬などの物流革新、高速道路網の整備、コールドチェーンの進展などの長距離輸送システムの確立によって、遠方の産地との取引が可能となった（橋本ほか編 2004、123頁）。なお、産地では、農協合併助成法（1961年制定）に基づいて、JA合併による出荷単位の大型化が図られ、集出荷組織たるJAの地位が確立された。さらに、大都市の中央卸売市場の整備と強化、取引の大量化と迅速化、仲買人の経営規模の拡大、売買参加者たる大口需要者等の承認、卸売手数料の引き下げ、地方卸売市場の規定の導入などの諸施策が盛り込まれた（日本農業市場学会編 1999、26-28頁）。これらは食品の生産と流通の大型化のための施策である。こうして確立された日本の青果物の取引の流れを図示した（図2-1）。

すべての卸売市場の総流通量に占める中央卸売市場の総流通量を概観すると、1970年代以降に著しく増加し、中央卸売市場以外の卸売市場の流通量が大幅に減少した。この背景として、中央卸売市場法に代替する卸売市場法が1971年に制定された影響がある。新法が制定されたことで、農林水産大臣の責任のもとで卸売市場の計画的整備が進められ、地方卸売市場の統合による中央卸売市場の設立が推進された（藤島ほか 2009、62頁）。特に、卸売市場の合理化と全体化を強力に推し進め、国家管理の対象として地方卸売市場も組み込んだ。並行的に、卸売市場の取引規制を大幅に緩和し、量販店との取引を容易にした（橋本ほか編 2004、22頁）。

以上より、卸売市場の体系は、次のように推移した。まず、中央卸売市場やJA共同販売[6)]の体制強化によって、東京都中央卸売市場を頂点とする三大中央卸売市場から地方卸売市場までが階層化された。そして、中央から地方への転送によるピラミッド型の「集散市場体系」が確立された（山口 1974）。こうした動きに対し、市場改革の方向として、全国流通と地域流通の均衡ある発展に基づく「分散均衡市場体系」が求められた（御園 1983）。実際に、1970年代半ば以降は、インフラの整備、中央卸売市場の増加、団体出荷の増加と大型化、量販店の進出と多品目の仕入れなどの様々な影響を受けて、平

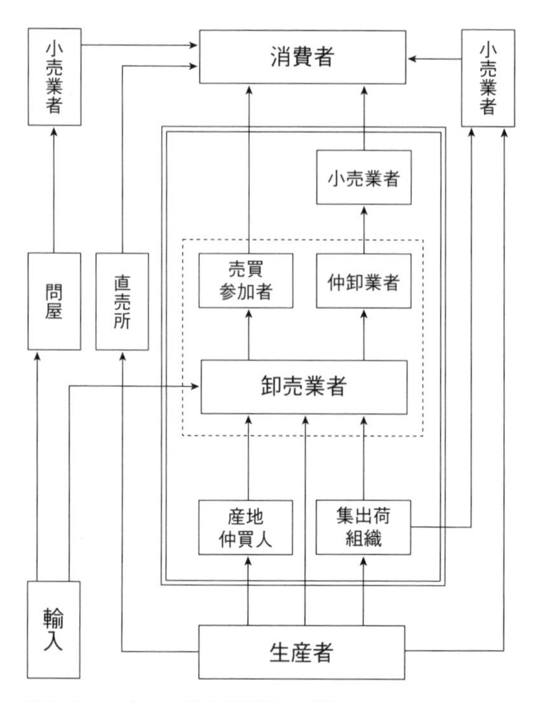

図 2-1　日本における青果物の物流

（資料）小林ほか（1995）『変貌する農産物流通システム』、藤島ほか（2012）『食料・農産物流通論』等により作成。
（注 1）矢印は物流を表す。
（注 2）点線は場内業者、二重線は主となる卸売市場流通の主体を表す。
（注 3）青果物流通の全体構造はこの限りではない。

均流通量が増加した。また、地方都市の中央卸売市場が急速に台頭して分散化が進展し、「全国広域市場体系」が形成された（藤島 1987）。けれども、1980 年代半ば以降になると、中央卸売市場整備の量から質への転換、大産地による出荷先の絞り込み、量販店の広域的な仕入体制の整備、情報と物流のシステム化が進んだ。卸売市場間の競争と格差が拡大し、商流や情報も拠点市場に集中し、「情報主導型総合市場体系」が形成された（細川 1993）。

（２） 卸売市場流通の構造再編

現在の日本の卸売市場は、歴年の自生的な経緯をベースとしながらも、法と政策でより一層強化され、公的管理下に置かれた日本の基幹的な食品流通チャネルである。卸売市場は、中央卸売市場、地方卸売市場、その他市場の３つに分類される（表２-１）。その機能は、第１に、全国の産地から多種多様な商品を集荷し、需要に応じて迅速かつ効率的に分荷する「集荷・分荷機能」、第２に、需給に基づいて公正かつ迅速に透明性の高い価格をつける「価格形成機能」、第３に、確実で迅速な決済をする「代金決済機能」、第４に、需給に関する情報を収集して流通チャネルの上流と下流の各主体に伝達する「情報受発信機能」などである[7)]。これらは、独自の機能をもつ組織や機構に担われ、収集、中継・加工、分散の３つの過程に分かれる。収集過程では、生産者、各種組合、産地商人、JA が担い手となる。中継・加工過程では、卸売業者、仲卸業者が担い手となる。そして分散過程では、八百屋、組合、小売業者、量販店などが担い手となる。このほか、各過程は、貯蔵、保管、輸送、販売に関する機能ももつ（梅木 1988、124 頁）。

再編下における中央卸売市場の所在地は、図２-２の通りである。また、中央卸売市場の取扱量と増減率を図示した（図２-３）。この図から、青果物流通においては、大都市の中央卸売市場に荷が統合されるなかで、とりわけ東京都に著しく集約化されていることがわかる。しかし、日本最大を誇る東京都中央卸売市場でさえ、2010 年の青果物の取扱量は 1980 年のそれと比較して大きく減少しているのである。こうした状況下で、2009 年の改正卸売市場法では、卸売市場間の経営力の格差を拡げることが想定される委託手数料の自由化が盛り込まれた。時代が前後するが、2004 年に策定された第８次卸売市場整備の基本方針では、中央卸売市場の再編が柱とされた。つまり、取扱量について、開設された区域内の需要量以下、直近において３年連続で減少、一定基準以上の減少率、などの再編基準に該当する卸売市場は、次の５点のいずれかの再編措置を取らなければならなくなった。

すなわち、第１に運営の広域化（より広域の運営者への地位の継承）、第２に地方卸売市場への転換、第３に他の卸売市場との統合（機能集約）、第

表 2-1　日本の卸売市場の概要

分類	開設者の認可等	開設の要件	開設数
中央卸売市場	(1) 開設者 地方公共団体（農林水産大臣認可） (2) 卸売業者 株式会社等（農林水産大臣許可） (3) 仲卸業者 株式会社、個人等（開設者許可） (4) 関連事業者 株式会社、個人等（必要に応じて開設者が規定） (5) 売買参加者 株式会社、個人等（開設者承認）	都道府県、人口 20 万人以上の市、またはこれらが加入する一部事務組合もしくは広域連合が、農林水産大臣の認可を受けて開設する卸売市場（卸売市場法第 2 条第 3 項）	(1) 卸売市場数 46 都市の 74 市場 （うち青果 45 都市の 60 市場） (2) 取扱金額 4 兆 1,208 億円 （うち青果 1 兆 9,102 億円） (3) 卸売業者数 210 経営体 （うち青果 85 経営体）
地方卸売市場	(1) 開設者 地方公共団体、株式会社、農協、漁協等（都道府県知事許可） (2) 卸売業者 株式会社、農協、漁協等（都道府県知事許可） (3) 仲卸業者 株式会社、個人等（必要に応じて都道府県知事が規定） (4) 関連事業者 (3) と同様	中央卸売市場以外の卸売市場であって、卸売場の面積が一定規模（政令規模：青果市場 330m²、水産 200m²（産地市場は 330m²）、食肉 150m²、花き 200m²）以上のものについて、都道府県知事の許可を受けて開設されるもの（卸売市場法第 2 条第 4 項）	(1) 卸売市場数 1,185 市場 （うち公設 156 市場） （うち青果 569 市場） (2) 取扱金額 3 兆 1,953 億円 （うち青果 1 兆 3,690 億円） (3) 卸売業者数 1,384 経営体 （うち青果 627 経営体）
その他市場	卸売市場法に規定はない。ただし、条例で必要な規制が可能。	中央及び地方卸売市場以外の卸売市場	データなし

（資料）資料：卸売市場データ集（平成 23 年版）、農林水産省 HP
（http://www.maff.go.jp/j/shokusan/sijyo/info/）（最終閲覧日 2015 年 10 月 31 日）より作成。

4 に他の卸売市場との集出荷に関する連携、第 5 に卸売市場の廃止または効率化である。上述の再編基準に該当した中央卸売市場は、地方卸売市場への格下げが現実的な選択肢となる。この基準に該当しないにもかかわらず、自主的に再編措置を取った卸売市場も存在し、2014 年 4 月までに青果の 18 市場（そのうち自主的再編が 12 市場）、水産の 18 市場（同じく 8 市場）、花の 8 市場（同じく 3 市場）が地方卸売市場に転換した。また、東京都中央卸売市場の大田市場と足立市場は、2015 年度までに、築地市場と集出荷に関する連携を強化した。このほか、2016 年度末までに、青果の 4 市場（同じく 3 市

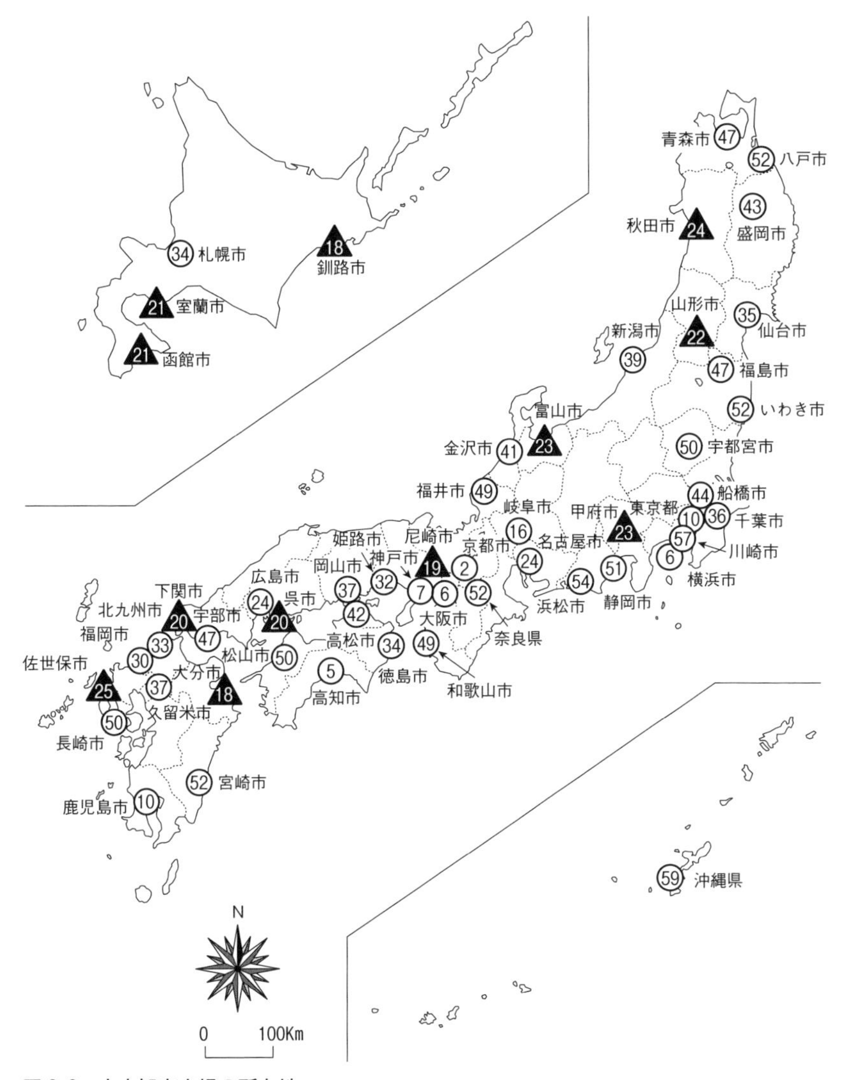

図 2-2　中央卸売市場の所在地

（資料）青果物卸売市場調査報告、各市場 HP より作成。

（注 1）丸内部の数字は営業開始年（元号）である。

（注 2）黒塗り三角内の数字は地方卸売市場転換年（元号）、同三角左上の数字は営業開始年（元号）である。

（注 3）青果市場のみを記載し、花卉市場や水産市場の動向はこの限りではない。

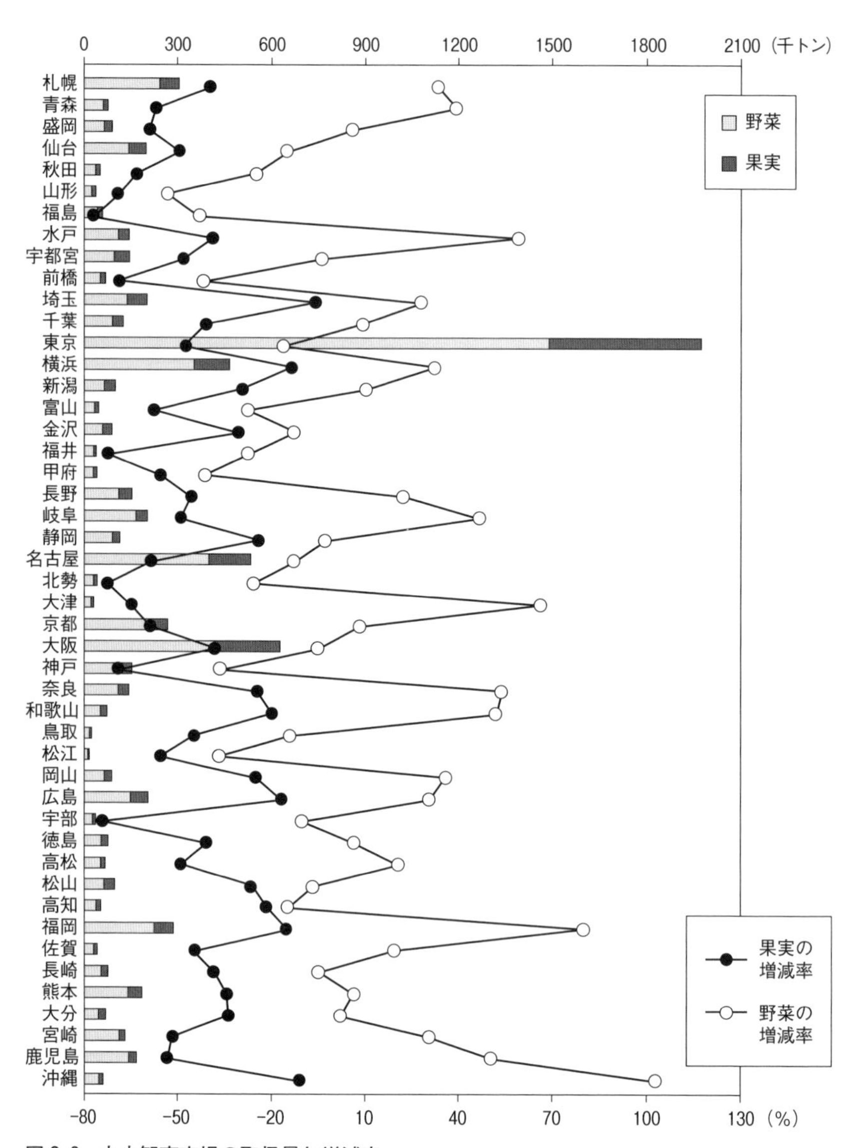

図 2-3　中央卸売市場の取扱量と増減率

（資料）青果物卸売市場調査報告（2010 年）。

（注 1 ）中央卸売市場が存在しない自治体は、中央卸売市場に準じる卸売市場を取り上げた。

（注 2 ）増減率＝(2010 年の取扱量－ 1980 年の取扱量)÷ 1980 年の取扱量× 100（下目盛）。

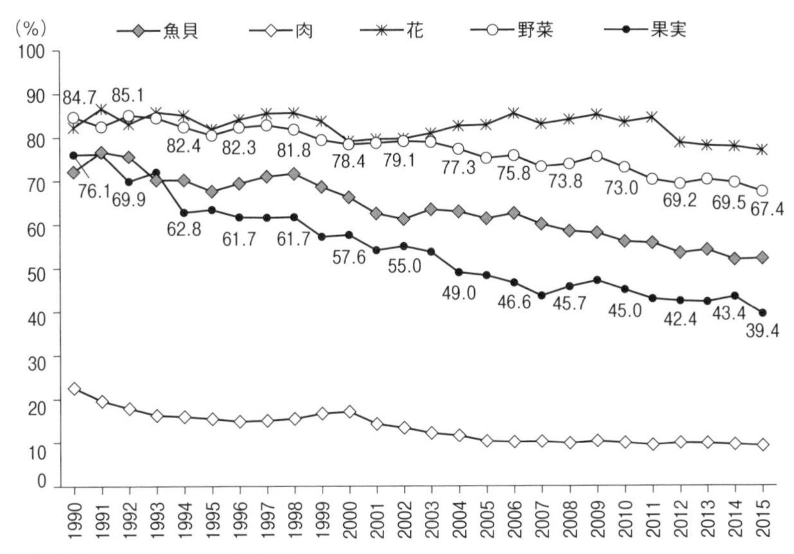

図 2-4　卸売市場経由率の推移

（資料）卸売市場データ集（2018 年版）より作成。
（注）卸売市場経由率＝卸売市場流通量÷総流通量× 100。

場）、水産の１市場、花の４市場（同じく１市場）の再編を完了した。

卸売市場データ集（平成 30 年版）によると、国が認可・監督する中央卸売市場は 40 都市の 64 市場で、年間取扱金額は計３兆 8950 億円に上る。そのうち、青果市場は 37 都市の 49 市場で年間取扱金額は計１兆 9813 億円、水産物市場は 34 市場で計１兆 5059 億円、食肉市場は 10 市場で計 2744 億円、花卉市場は 14 市場で計 1402 億円、その他市場は６市場で計 169 億円となっている。また、都道府県が許可・監督する地方卸売市場は 1037 市場で、年間取扱金額は計３兆 1566 億円に上り、そのうち、青果市場は計１兆 3433 億円となっている。時代の経過とともに、卸売市場における取引の流れは、生産者の手元を離れて最終消費者の所に辿り着くまでに、生産物が多様な経路を辿るようになってきた。また、卸売市場経由量を総流通量で除算して求められる卸売市場経由率は、2015 年度は野菜が 67.4％、果実は 39.4％で、いずれも経年的に減少傾向にある（図２－４）。

（3） 卸売業者の買い付けと相対取引の原則化

卸売市場の「セリ取引」は、取引の円滑化だけでなく、価格の指標性をベースとして需給を調整することを目的とする[8)]。単に流通の大量化と効率化を図るだけではなく、需給が最適に調節される「市場メカニズム」を発揮させることが、その政策的な意義である（秋谷編 1996、55-57 頁）。しかし、卸売市場経由率の低下傾向に見られるように、1985 年頃からの輸入品や加工品の増加などの影響を受けて、「委託集荷[9)]」とセリ取引が減り始めた[10)]。

まず、委託集荷の動向を見ると、近年ではその比率が低下し、卸売業者の買い付けによる集荷が増加基調にある。こうした動向を受けて、法律上は例外にすぎなかった「買い付け集荷」が、2004 年の卸売市場法の改正で全面的に容認された。それゆえ、1980 年代に 70％を超えていた野菜のセリ取引の比率は、2006 年になると 21％まで下落した。同時に、卸売業者が仲卸業者や売買参加者に販売する方法も大きく変わった。先んじて、1999 年の卸売市場法の改正では、セリ取引の補完的な取引方法であった「相対取引」がまっとうな販売方法として容認された。規制緩和が段階的に進んできたことがわかる（藤島ほか 2009、68-69 頁）。

セリ取引が減少した要因をまとめると、次の 3 点である（日本農業市場学会編 1999、138-140 頁）。第 1 に量販店など大口需要者の計画的な仕入れ、第 2 に合併に伴う JA の交渉力の増大、第 3 に卸売業者・仲卸業者によるマーケティングの実施である。セリ取引が減少して相対取引が主流化した過程は、「卸売業者・仲卸業者の連携が強化されていく過程」と「卸売業者と仲卸業者の排斥関係が強化されていく過程」という、相反する動きを含んでいる（秋谷編 1996、133 頁）。なお、食品需給センターの卸売市場取引改善調査（1993 年）によると、卸売業者から見たセリ取引の利点として集荷量の向上、品揃えの向上、売上の向上があるが、欠点として販売手間の大きさ、リスク増、在庫増が挙げられる。

（4） 価格形成方法の建値市場化

一般的に、卸売市場で形成された価格は、流通チャネルの多様性に対応して多様に価格形成される。商品規格に一定の差異があって生産量の変動幅が大きい青果物の場合、多種多様で大量の需給を読める点で相応しい機能である。各地に立地する卸売市場の需給状況に応じて価格形成されることから、卸売市場間の価格が異なることは必然であった。ところが、全国流通の進展、取引に関する情報伝達の迅速化、大産地と量販店による価格形成への影響、輸入業者による価格形成の主導などの様々な理由によって、東京都中央卸売市場などの少数の大規模な拠点市場が、指標価格を決定できるようになった。いまや、卸売市場間の価格が均衡化する傾向がある（滝澤ほか編 2003、96 頁）。

要約すると、現行の卸売市場制度では、取引の公正・公平の原則、公開の原則に則り、個々の卸売市場で局地的な価格が形成される仕組みが構築されている。しかし、大産地による卸売市場の選別、量販店による全国からの仕入れの強化、技術開発による情報伝達の迅速化などによって、一部の「建値形成市場[11]」の指標価格の影響が及び、卸売市場間の価格が平準化するようになった（農産物市場研究会編 1991、44 頁）。しかも、非独占的分野の商品については規制緩和が進み、大企業などが流通の主導権を握ることで、価格形成に影響を及ぼしやすくなった（滝澤・細川編 2000、22-23 頁）。

（5）　取引の公正性と大型取引の効率性

高度経済成長期以降、広域化や大型化を推進する法制度の支持を受けて、中央卸売市場にロットが集積し、委託集荷及びセリ取引が後退した。価格形成に際しては、大規模な中央卸売業者がイニシアティブを発揮するかたちで、流通再編が行われてきた。かかる現状の背景には、中央卸売市場の取引方式に内包されてきた経済民主主義的性格が、大型流通を優先する取引の桎梏となったことがある（細川 1993、83-85 頁）。こうして、1999 年の卸売市場法改正では、商物分離の容認、相対取引の原則化（セリ取引との同列化）、卸売会社の経営健全化（経営弱体な卸売会社の退場）、行政による流通広域化への対応、などが盛り込まれた。このことは、中央卸売市場が地方公共団体によって開設されているという、卸売市場の公設・公営制と強く矛盾することを意味する（滝澤・細川編 2000、57-58 頁）。さらに、最近における相対取引や予約型取引など取引の多様化が、セリ・入札の原則（34条）や差別的取扱禁止の原則（36条）に見られる、取引の公正性の放逐を規定する側面も指摘される（秋谷編1996、133頁）。

要するに、現在の卸売市場における取引問題として、相矛盾する取引規定の存在が挙げられる（日本農業市場学会編1999、133-136頁）。ひとつは、公平・公正性につながる規定であり、第1に、セリ・入札原則、第2に、無条件販売委託原則、第3に、差別的取扱禁止原則、第4に、販売原票の記載に関する規則（記載内容改ざんの禁止、取引順の記載、複写式原票と開設者への提出義務、販売原票の通し番号付与義務、訂正部分の検印など）、第5に、出荷者への仕切りに関する規則（瑕疵品の開設者による検査証明付与：卸売価格を減額する場合）、第6に、即日全量上場原則、第7に、買い受け代金の即日支払い義務と支払猶予の規定（開設者の承認が必要）、第8に、出荷者への速やかな代金支払い義務、第9に、セリ取引の例外規定の開設者による許可・承認制（相対取引、予約相対取引、時間前取引、第三者販売、自己の計算による卸売－買付行為）である。他のひとつは、大量取引の効率性につながる規定であり、第1に、セリ・入札原則の例外取引の規定（相対取引、予約相対取引、時間前取引、第三者販売、自己の計算による卸売－買付行為）、第2に、買付禁止の例外規定、第3に、第三者販売禁止の例外規定、第4に、特定物品制度である。

3　産地と集出荷組織の再編

（1）　農業就業人口と経営耕地面積の減少

さて、産地と集出荷組織の移り変わりを論じる前に、現代の日本の農業が抱える構造的課題を整理することで、次節以降に展開する議論の理解を促したい。まず、1985年から2015年までの30年間の推移を見ると、日本の総農家は半減した（図2－5）。総農家数は販売農家と自給的農家の両数を加算した農家数であり、その内訳を見ると自給的農家[12)]の割合が増加基調にある。日本における農家1世帯当たりの生産規模の縮小傾向が推察される。

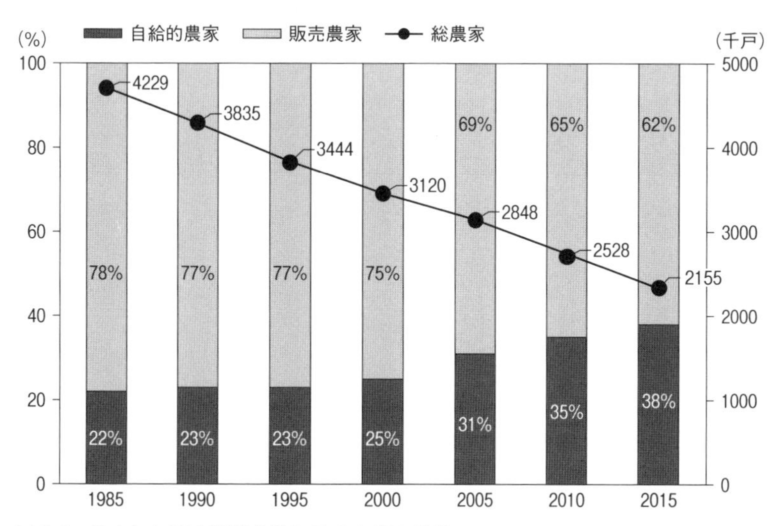

図 2-5　日本における総農家数とその内訳の推移

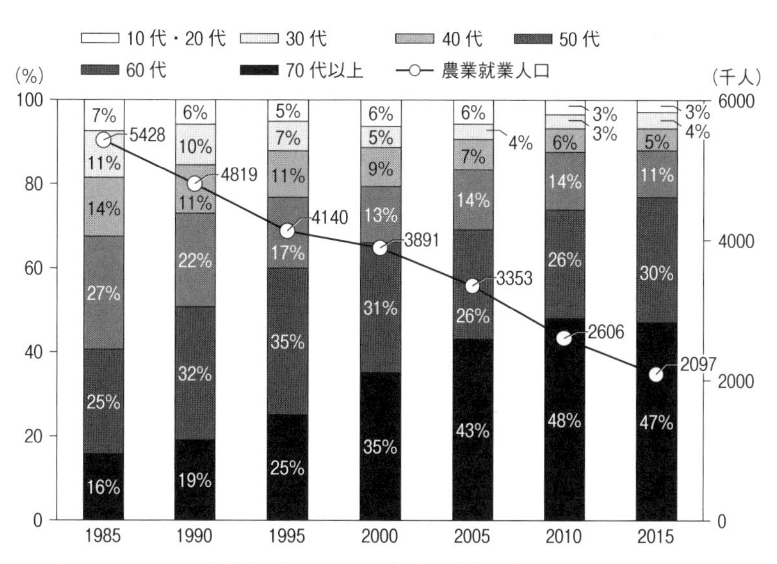

図 2-6　日本における農業就業人口とその年代の内訳の推移

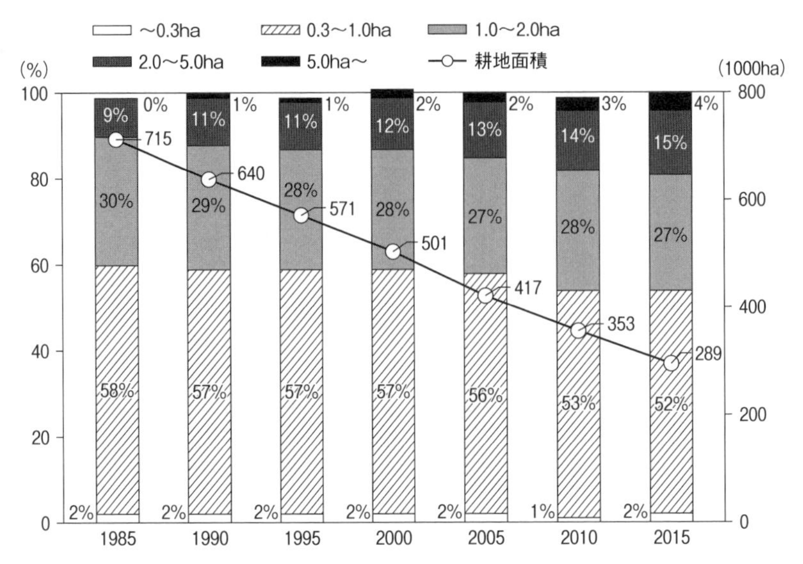

図 2-7　関東・東山における販売農家の経営耕地面積とその経営規模の内訳の推移

次に、同期間における日本の農業就業人口は約60%減となった（図2-6)。早くも、2000年に入ると70代以上の生産者が最多となり、その後も順調に割合を伸ばした。2015年に至っては、60代以上が生産者の87%を占めるまでになった。因みに、2005年の統計表から、85歳以上の生産者数を把握できるように改変された。今後も主に高齢者が日本農業の担い手として活躍していくことは想像に難くない。

最後に、統計の都合上、一地方の値のみを取り上げたが、この期間における関東・東山（とうさん）（山梨県・長野県）の耕地面積についても約60%減となった（図2-7)。先のグラフほど大きな変化が見られないが、耕地面積そのものは減少の一方で、比較的広い土地を耕作する生産者が確実にシェアを上げてきたことがわかる。例えば、統計上、5ヘクタール以上を耕作する生産者は1985年には存在しなかったが、2015年には4%を占めるまでになった。同様に、2～5ヘクタールの生産者が9%から15%に上がった。一方、最小の分類である0.3ヘクタール未満の生産者の割合は2%で変化が見られないものの、0.3〜1.0ヘクタールの生産者は58%から52%に下がった。一般の宅地などと異なり、農地法による厳しい法的制限があり、農地を購入できるのは地域の農業委員会に許可を受けた農家、または農業従事者に限られる。こうしたなか、一部の生産者への農地集約によって大量生産体制が着実に進んだことがわかる。

（２） 国内産地の二極化

都市化と農産物の需要増を背景に、日本では広域的な大量流通が展開されてきた。大量生産と大量流通を目指す主産地の形成が推進された結果、大都市の卸売市場への出荷が重視されるようになった。つまり、遠隔の大都市に立地する卸売市場の大口需要に応じるために、JA共同販売が進化した。一方で、広域的な農業団地の造成とJA合併が推進されたものの、この政策に対応できた産地と対応できなかった産地に二極化され、産地間格差が拡大した（梅木1988、166頁）。かつては、消費地の周辺に発達した伝統的な近郊産地では、地域密着型の生産・流通・消費のために、特色ある地場流通システムが構築されていた。例えば、都市周辺の近郊農業の地域では、都市の消費量に対応できる食糧供給基地としての役割が与えられていた。しかしながら、高度経済成長を契機とする流通再編と産地再編によって、地域流通は全国流通に従属するようになった。そして、中央卸売市場の開設が進んで地域流通が全国流通に直結すると、全国規模の専門的な大産地や特産地と競合する農産物の生産が制約されるようになった。そのなかには、自給的な性格をもつ生産構造への再編を余儀なくされる産地も現れるようになった[13)]。

要するに、日本の農産物流通の構造再編を把握する前段において、産地サイドの盛衰を見落とせない（日本農業市場学会編1999、19頁）。参考までに、国内産地における野菜と果実の収穫量を図示した（図２-８）。野菜を重量ベースで見ると、国内の全収穫量の３割近くが北海道で収穫される構図である。また、北海道に次ぐ茨城県と千葉県が主に首都圏への野菜の供給地として発展してきたことをうかがえる。また果実については、リンゴの一大産地である青森県が首位に立ち、第２位はミカンの産地の和歌山県が続いた。そして、

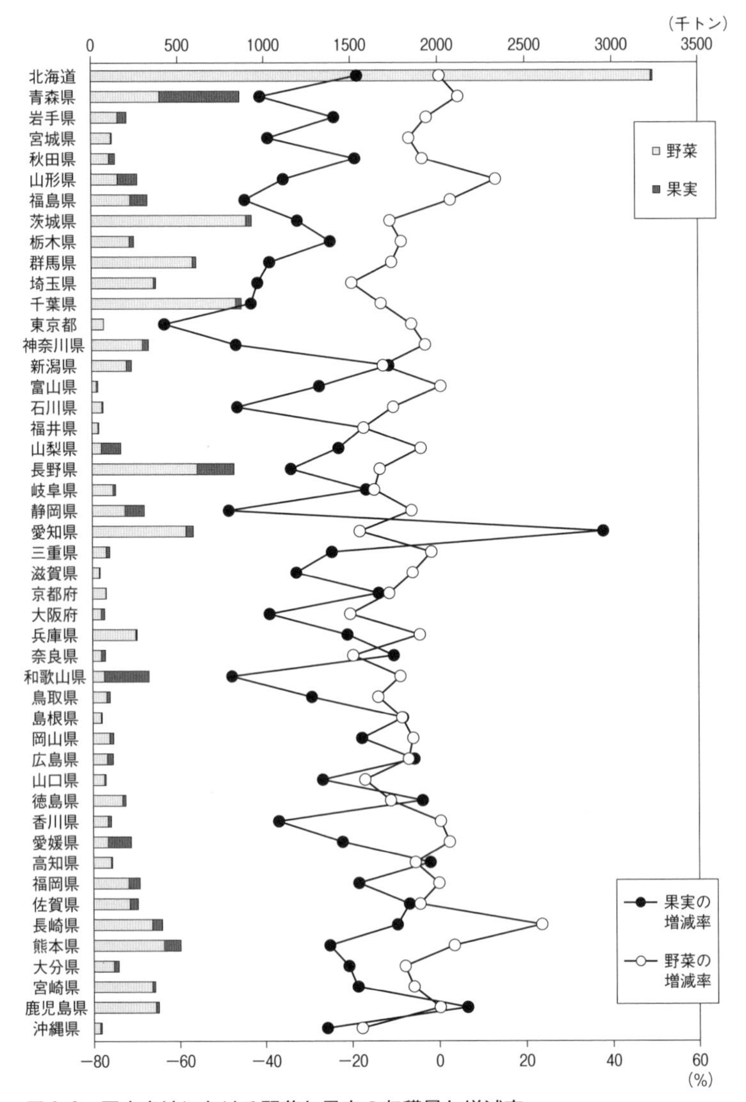

図 2-8　国内産地における野菜と果実の収穫量と増減率

(資料) 野菜生産出荷統計、果樹生産出荷統計（いずれも 2010 年）。

(注 1) 野菜は、バレイショ、大根、キャベツ、タマネギ、白菜、トマト、人参、キュウリ、レタス、ネギ、スイカ、ナス、ホウレンソウ、スイートコーン、カボチャ、メロン、イチゴ、ヤマノイモ、サトイモ、ゴボウ、カブ、ピーマン、ブロッコリー、コマツナ、レンコン、チンゲンサイである（26 品目）。果実は、ミカン、リンゴ、日本なし、西洋なし、柿、枇杷、桃、洲桃、桜桃、梅、葡萄、栗、キウイフルーツ、パイナップルである（14 品目）。

(注 2) 増減率 =（2010 年の収穫量 − 2003 年の収穫量）÷ 2003 年の収穫量 × 100（下目盛）。

リンゴやブドウ、モモなどを全般的に産する長野県が３位となった。このような大産地では、JA 共同販売のシェアが上がるとともに、「出荷調整」に際して力を強めた JA 県連が、出荷先の卸売市場を取捨選択しがちになった。他方では、一部の JA 県連は、有機農産物などの個性的な商品を量販店や生協に直接販売するようになった。こうした卸売市場外での取引が、卸売市場の営業基盤にも大きな影響を与えた。もうひとつは、拡大を続けてきた JA 共同販売の中には、生産の勢いが衰えて体制の存続すら危ぶまれる産地も現れるようになったことである。無論、生産者の減少や農業従事者の高齢化によって、以前のように大口の荷が集まらなくなったことが主たる要因である。

「JA 合併による産地の大規模化」と「人口減少と高齢化に伴う産地の縮小化」の両過程にある国内産地の中でも、大都市近郊産地の現状は、次の２点である（日本農業市場学会編 1999、78 頁）。１点目は、JA 合併による取扱量の増加を契機に、比較的販売力のある集出荷組織が、流通コストの削減や価格交渉力の獲得を目指して出荷先を絞り込み始めた（市場集約化[14)]）。これに対し、出荷ロットの零細性、立地や土地条件の劣位、先端化や情報化の遅延を主な要因として、相対的に集荷力の劣る集出荷組織は、集荷率や収益率の悪化に陥り、深刻な経営問題に直面した。２点目は、上述の事情との関連で、JA 合併の進展は、営農指導体制の合理化や集荷場の統廃合を招いた。こうして、兼業農家や高齢農家との関係性を薄め、「JA 共同販売からの離脱」を引き起こすようになったとされる。

無論、産地独自の販売チャネルは、卸売市場流通に代わるレベルではない。ただし、以上の経緯から、直接販売のような多元的な販売活動が再吟味された。とりわけ、市場選択の自由度が高い大都市近郊産地では、農産物直売所や朝市などを志向する傾向が強まった[15)]。

（３）　集出荷組織によるマーケティングの展開

零細で分散的な生産者の集積に基づく青果物の供給構造は、JA 共同販売のように集出荷組織が一元的に経営管理できる体制に発展した。集出荷組織の典型である JA の中には、大量化と規格化を図りながら多様なマーケティングで力を発揮するようになった組織もある。さらに、大量性の実現によって農産物の供給過剰が進むと、高価格での販売が難しくなり、きめ細かな出荷調整を検討するようになった。このほか、先進的な集出荷組織は、出荷先の絞り込みと同時に、コンピューター情報システムを用いた適正な分荷を進めてきた。

大産地を形成して販売力も獲得した集出荷組織は、卸売市場に無条件で委託する際に希望小売価格を提示し、価格形成に一定の影響力を及ぼし始めた。また、出荷調整戦略と並行的に、高付加価値化、選別に関する規格の見直し、新商品開発などの差別化戦略を打ち出すようになった。そのうえ、差別化された商品を販売する際、従来の無条件委託は馴染まないため、予約型取引などの契約販売を進めていった。差別化戦略は販売力の高さに依存するため、有力な集出荷組織と大卸売業者は、差別化と高価格化を促進する目的で利益が一致し、二人三脚の歩調を揃えるようになった（秋谷編 1996、95-97 頁）。

1990 年代以降に増加した輸入量が恒常化すると、輸入業者が国内の需給関係に影響を及ぼし始めた。一部では、シェア拡大による高価格の実現が困難となり、出荷調整と「産地での廃棄」による価格維持の効果も薄くなった。まもなく、消費者ニーズに直接対応する必要性が説かれ始めたため、卸売業者への販売を大前提としながらも、産地側が独自の販路を開拓する道を模索していった。先進的な集出荷組織の中には、高鮮度かつ高品質による差別化を促進し、そのような商品の安定供給に力を注ぐとともに、多数の販売先との協調関係に基づく契約取引を模索する組織も現れ始めた（秋谷編 1996、97-98 頁）。

（４） 出荷規定の厳格化と生産者の離脱

卸売市場流通では、等級の格差が価格差に反映されるため、色沢、着色、外観などによる品質評価が優先されてきた。しかも、果実選果の場合、糖度検査、抜き取り検査、圃場区分、自家選別も求められるようになった。こうしたなか、生産者に課される労働内容や選別コストの負担増が問題視された（梅木 1988、147-148 頁）。ここで、青果物の集出荷体制を簡潔にまとめた（表

表 2-2　青果物の集出荷体制

品目	時期	地域	選別・荷造の主体		出荷期間	出荷量	規格の	主な荷姿と比率	
			個人	団体		（t）	区分数	荷姿名	比率
ダイコン	秋冬	札幌	✔		9.10-10.3	1430	10	ダンボール 10kg	82
		千葉	✔		9.10-10.3	1713	15	ダンボール 10kg	91
		金沢	✔		9.10-10.3	7438	13	ダンボール 10kg	98
ニンジン	秋冬	札幌		✔	9.8-9.10	12727	8	ダンボール 10kg	100
		青森		✔	9.8-9.10	3712	10	ダンボール 10kg	100
	冬	千葉	✔	✔	9.11-10.3	14400	5	ダンボール 10kg	80
		愛知	✔		9.11-10.4	8791	12	ダンボール 10kg	95
ハクサイ	夏	名古屋	✔		9.7-9.10	4288	8	ダンボール 15kg	100
	秋冬	茨城	✔		9.10-10.2	14454	8	ダンボール 13kg	59
		愛知	✔		9.10-10.3	13500	21	ダンボール 15kg	100
キャベツ	春	千葉	✔		9.4-9.6	21485	10	ダンボール 10kg	100
		兵庫	✔		9.4-9.6	2457	9	ダンボール 12kg	100
	夏秋	群馬	✔		9.7-9.10	134634	3	ダンボール 10kg	100
		長野	✔		9.7-9.10	1138	7	ダンボール 10kg	100
	冬	神奈川	✔		9.10-10.3	7997	6	ダンボール 10kg	100
		愛知	✔		9.11-10.3	68843	13	ダンボール 10kg	100
ネギ	秋冬	函館	✔		9.10-10.3	2636	15	ダンボール 5.25kg	88
		千葉	✔		9.10-10.3	4210	12	ダンボール 5kg	60
ナス	夏秋	栃木	✔	✔	9.5-9.11	3426	11	ダンボール 5kg	86
	冬春	高知		✔	8.10-9.7	3279	8	ダンボール 5kg × 2	71
		福岡	✔	✔	8.9-9.7	9395	3	ダンボール 4kg	31
		熊本		✔	8.10-9.6	3500	12	ダンボール 4kg	81
トマト	夏秋	函館		✔	9.7-9.11	1011	18	ダンボール 4kg	100
		福島	✔	✔	9.6-9.11	1132	27	ダンボール 4kg	91
		岐阜		✔	9.7-9.11	9164	18	ダンボール 4kg	100
	冬春	栃木		✔	8.12-9.6	2584	12	ダンボール 4kg	94
		群馬	✔		8.10-9.7	4832	10	ダンボール 4kg	86
		熊本	✔	✔	8.10-9.6	5228	29	ダンボール 4kg	81
キュウリ	夏秋	福島		✔	9.7-9.10	3808	9	ダンボール 5kg	83
		群馬	✔		9.9-9.12	4627	8	ダンボール 5kg	70
	冬春	高知		✔	8.10-9.6	1626	5	ダンボール 5kg	92
		宮崎	✔	✔	8.12-9.6	4154	9	ダンボール 5kg	100
ピーマン	夏秋	茨城	✔	✔	9.1-9.12	9202	10	ダンボール 7.5kg	62
		大分		✔	9.5-9.11	1560	4	ダンボール 4.5kg	87
	冬春	高知		✔	8.9-9.6	2593	3	ダンボール 9kg	100
		宮崎		✔	8.10-9.6	13076	3	ダンボール 9kg	84
タマネギ		札幌		✔	9.8-10.3	3223	5	ダンボール 20kg	94
		北見		✔	9.8-10.3	14927	5	ダンボール 20kg	100
		兵庫		✔	9.4-10.3	10472	6	ダンボール 20kg	93
		佐賀	✔	✔	9.4-10.3	14235	8	ダンボール 20kg	71

（資料）青果物集出荷経費調査報告（平成9年版）より作成。

2－2）。古い情報であるが、青果物集出荷経費調査報告（1997年）によると、生産者個人による選別と荷造りの煩雑化、出荷期間の短期化、出荷規格の複雑化、ダンボール出荷の定型化などを読み取れる[16)]。とりわけ、都市化と市街化のために存立基盤が脆弱化している都市農業では、主に高齢者や女性の労働力で構成される大多数の兼業農家が、その零細性と規格面の劣位のために、価格形成で不利益を被ってきたとされる（農産物市場研究会編1991、143-144頁）。

産地間競争が激化するなか、JAの厳選体制が高度化し、その差別化戦略は巧妙化し続けた。市場拡大の余地が狭まり、産地間競争に打ち勝つために、出荷に関する規定の厳格化も進んだ。はては、形状や色艶だけでなく、糖度やタンパク値などの内部品質まで規格化されるようになった。そして現在、果実の規格は、新たな段階に入ったとされる。1975年頃までは重量や外形の選別が主流であったが、山梨県におけるモモの糖度選別機の導入（1989年）を契機として、内部品質や糖度を計測できる非破壊センサーが搭載された選別機が開発された。順次、果実類の高度な選別機が普及し、測定に関する精度が向上し、成分分析の対象範囲を酸度、デンプン、渋、蜜、褐変に広げた。けれども、こうした果実内部の検査を導入した愛媛県の事例では、ミカンを出荷する際、そのプラスの効果が不明確であった。単に、精品率の低下、経費率の上昇、選果経費の固定化を生み、生産者に配分される金額を押し下げたことが明らかとなった（橋本2012、132-166頁）。

海外も含めた産地間競争や量販店の廉価販売の影響を受けて、各産地は生き残りをかけて高度な差別化戦略を一様に打ち立て、低価格で選び抜かれた農産物の集出荷体制を整えた。しかし、JAの施設の大型化、多面的機能化、選別技術の高度化は急速に進んだが、規定の厳格化による厳選体制に対応できる生産者は限られた。結果、生産者の少数化を余儀なくされた。特に、零細生産者、兼業農家、高齢農業者は、「JA共同販売を継続するか離脱するか」の岐路に立たされてきたとされる（滝澤ほか編2003、203頁）。このような過度な規格と選別を要する体制下で、ハイレベルで同一の規格品を定量出荷できない生産者が続々と疎外された。品質をベースとする激しい産地間競争の傍らでは、日本の農業人口の減少を食い止めることはできない。１世帯当たりの生産規模の縮小も避けられない。それゆえに、彼らの受け皿となるかのごとく、1990年代後半以降、全国で新規の農産物直売所が次々と設置された。緩やかな規格による自家選別の新鮮な朝採り農産物が、消費者ニーズに後押しされて地場流通するようになったのである（滝澤ほか編2003、209-210頁）。

４　小　括

本章は、1970年代以降の日本における卸売市場制度の改革と卸売業者と集出荷組織を取り巻く卸売市場の構造再編の過程を把握し、農産物の産地の盛衰や取引形態、出荷規定の変化を論じた。

卸売市場では、価格の指標性をベースに需給を調整して市場メカニズムを発揮させることを目的とする「セリ取引」が減少し、卸売業者と大口需要者との「相対取引」が増加するようになった。また、集出荷組織からの「委託集荷」が減少し、卸売業者からの「買い付け集荷」が増加するようになった。一方の産地では、一般的に人口減少と高齢化に伴う縮小化過程にある産地の中にも、JA合併による大規模化を遂げた産地が現れ、産地間格差が拡大した。こうしたなかで、JAによる厳選体制の高度化や差別化戦略の巧妙化が図られ、出荷規定の厳格化が進んだ結果、対応できる生産者の限定化が進んだ。

第3章

農産物流通の構造再編と地産地消の活動展開Ⅱ

1　卸売市場外流通と地産地消活動の新展開

（1）卸売市場外流通の伸長

近年の日本では、合併による大産地の形成、中央卸売市場の整備、貯蔵技術と高速道路網の発達、量販店による大量仕入れの進展などを背景として、広域大量流通が本格的に展開された。この反面、生産と消費の乖離、食の画一化、小規模な生産者による販売の困難化、農薬中毒や環境問題など、流通政策の負の側面が指摘されるようになった。そのため、「身土不二」[1]や地産地消[2]のような理念に基づく、伝統的な地場流通が見直されるようになった[3]。疑うまでもなく、卸売市場外流通[4]の最大の増加要因は、量販店の台頭に求められる。あわせて、従来の政策の歪みを是正するために、伝統の再興を試みようとする都市住民の前向きな姿勢が、このような新しい農産物流通の増加に少なからずの影響を与えてきたとされる[5]。

現在、法制度の改革、輸入品の増加、需要の変化、量販店の台頭、JA合併など、産地を取り巻く社会環境の激動下で、様々な打開策が打ち出されている（橋本編2004、129-130頁）。伝統的な固有品種による産地振興、地域の特産品によるブランド化など、兼業農家や高齢農業者などの潜在的な生産力を活用した都市農業が芽吹き始めた。地域流通・地場流通の見直しが進むなか、都市近郊に位置する中小規模の産地では、消費者との近さを活かした多様な農産物流通が展開され、量販店との契約取引や消費者への直接販売が活発化するようになった。

規格の違いによる価格差や価格の不安定性に対し、生産者の実情を十分に反映できる新しい組織体制や安定的な価格形成は、都市近郊の生産者に有利な販売方法と見なされる。この販路の成立と存続のための重要な与件でもある。さらに、卸売市場で規格外品に指定される商品を販売できる柔軟性は、この販路が拡大するための前提条件となる。直売所では、会員本人が商品価格を決めることができ、マーケティングの機能の全てを担うことで中間コストを削減できる。また、個々の会員の多様な経営事情に応じた通年出荷が可能となるため、生産者の新規参入や会員の能動性の発現が容易となる（神戸編 1970、19-39 頁）。

以上のように、生産と消費の乖離、食の画一化、小規模生産者の疎外、食品問題の発生などによって、国家主導で推し進められてきた広域大量流通政策に疑問が投げかけられ始めた。こうした特異な条件下で、特定の地域で生産された新鮮な農産物を販売する組織や活動が衆目を集め、兼業農家や高齢農業者、女性も含めた多様な担い手が意欲的に参入し始めた[6)]。

（2） 多様な地産地消活動の展開

かくして、JA 共同販売至上主義を支えてきた流通環境に変化が生じた。持続性の高い農業生産方式が農業政策にも取り入れられるようになり、より安全で高品質の農産物の供給が至上命題となった。先進的な JA は、需要を反映した生産・販売事業の重要性を認め、時代の要請、参入の容易性、JA の事業拡大の好機を挙げて、農産物直売所や産直を部分的に推進するようになった（滝澤・細川編 2000、160-164 頁）。大都市の卸売市場への集約化、大都市の中央卸売市場から地方卸売市場への転送コストの増加、過剰な規格化による選別の困難性だけが支持される理由ではない。遠方の大消費地への出荷を見据えた大産地の形成、過度の広域大量流通の進展が、単品目生産の拡大、連作障害と病害虫の発生、地力の減退などの産地側の問題を顕在化させてきた一面もある。

現在、農産物の特性に適した流通形態である地域流通を見直す気運の盛り上がりを受けて、単作の見直し、地方卸売市場との連携強化、消費者への直接販売などが進んでいる（橋本編 2004、123-124 頁）。農業の持続性の衰退、生態系への高負荷、伝統的な食文化の喪失、グローバリゼーションの進展などが食の安全確保に関するリスク要因となるなか、その打開策として地産地消活動が推進されている。商品の差別化や地場産品の仕入れの強化を目指すスーパーマーケットも、地産地消活動に大いに期待している（藤田 2005、23-24 頁）。少なくとも、東アジアでは、1990 年代からスーパーマーケット革命が起き、近代的な小売業と現代的な食品加工・物流部門との共生が生じ、小規模な生産者をスーパーマーケットに結びつける必要性が説かれてきた (Reardon et al. 2012)。日本では、コンビニエンスストアが成長を続けている現在、生産者と小売業者との協働による生鮮品のプライベートブランドの開発や地産地消活動によって、低価格戦略によらない価値創造的な連携と学習効果の向上が追求されている（木立 2012、22-24 頁）。

日本各地で促されている地産地消活動は、地域主義に基づき、流通の広域化・大量化の反面で醸成されてきた新しい農産物の販売方法である。その成長要因は、「JA を代表とする集出荷組織が有利販売を求めて販路開拓の努力を積み重ねてきたこと」と「買い手の権利を得た卸売業者が低価格を売りとする大産地からの集荷を増やしたため、その反動として生産者が新しい販路を模索し始めたこと」の両面に求められる。ほかにも、輸送・保管・貯蔵・通信の各技術の発展や、道路や港湾などの社会的インフラ整備の進展がその促進要因として挙げられる（藤島ほか 2009、73 頁）。

（3） 農産物直売所による都市農業の再興と存続

卸売市場外流通の中でも農産物直売所や産直は、大都市の卸売市場への集中出荷、転送、栄養素や安全性に課題のある商品の増大、過剰な選別・規格化と外観主義、地方卸売市場における地場産品の減少、地方卸売市場の転送依存などを興隆の背景とする。農産物流通の現段階で、全国的な卸売市場流通の対となる取り組みである（農産物市場研究会編 1991、42 頁）。同様に、量販店は、生産者の顔写真や氏名などの情報を特設コーナーに掲示し、きめ細かなマーケティングを実践している。顔の見える流通を進めて地場産品への愛着を高め、消費者に向けた詳細な情報提供と新しいマーケティング活動を始めている（橋本編 2004、129-130 頁）。

実に、卸売市場外流通への注力に加えて、兼業化や高齢化のような経営事情の変化や農法に関する篤農家のこだわりなど、個別的な事情にも配慮しやすい。国外の事例であるが、ファーマーズ・マーケット（FM）は、カップルやグループで出かける頻度が高い（Sommer et al. 1981）。そして、スーパーマーケットと比べて、多くの社会的交流の機会を提供できる（Mckibben 2007）。直接的な農業市場は、市場経済に根差しながらも代替市場を提供し、生産者と消費者とのより一層の緊密な社会関係を構築できる（Hinrichs 2000）。FM は楽しさ、料理の頻度、女性、一人親ではない世帯という要素と関係があり、食品にかける経済力とは関係がない（Zepeda 2009）。安全安心な食料確保や社会的交流などを容易にし、様々な最終消費者に選好される傾向があるため、大都市圏に根付いた豊かな食文化と食生活を支えるひとつの手段となりうる。また、生産者と消費者との連携による生鮮食料品の供給体制の見直しと都市農業の再生を、直接販売を活かすことで期待できる（樫原 2008、19-42 頁）。なおかつ、消費者との関わり合いを通じて、従来のマーケットの領域を超えた市場開拓と多様化が促される可能性も高まるのである（Hinrichs et al. 2004）。

ここで、日本の直売所数を表にまとめた（表 3 - 1）。前章で概観した卸売市場流通の現状と比較し、異なる様相を帯びていることがわかる。農産物直売所が最も多い自治体は千葉県（1286 施設）で、群馬県（1093 施設）と山梨県（910 施設）がこれに続いた。とりわけ、首都圏の近郊農業の地域に数多く立地する傾向がある。また、47 都道府県の中で愛知県が 7 位、東京都が 8 位に位置し、大都市圏に住む生産者の販路に資する傾向を読み取れる。詳しく見ると、その多くが常設型と見られる JA の直売所については、神奈川県（159 施設）に最も多い。なお、西日本よりも東日本の関東以北の自治体に比較的多く立地している。

表 3-1　都道府県別の直売所数

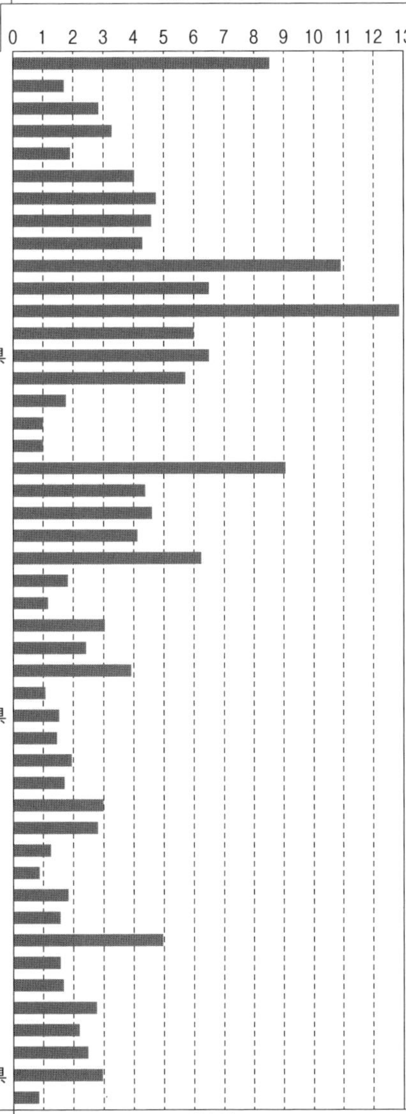

都道府県	産地直売所				
	合計（100単位）	運営主体別			
	0 1 2 3 4 5 6 7 8 9 10 11 12 13	地方公共団体	第3セクター	農業協同組合	その他
北海道		11	17	67	759
青森県		4	11	43	113
岩手県		－	8	10	269
宮城県		2	7	26	296
秋田県		1	5	24	163
山形県		1	7	31	368
福島県		7	18	74	375
茨城県		8	15	80	357
栃木県		9	2	46	374
群馬県		22	4	56	1,011
埼玉県		10	16	99	527
千葉県		2	10	53	1,221
東京都		7	－	68	524
神奈川県		7	1	159	486
新潟県		3	12	92	466
富山県		1	－	29	149
石川県		3	3	22	77
福井県		－	18	16	70
山梨県		8	8	32	862
長野県		4	20	96	319
岐阜県		3	10	36	413
静岡県		－	6	107	301
愛知県		3	11	119	492
三重県		4	6	59	114
滋賀県		2	6	33	78
京都府		－	7	24	274
大阪府		3	1	46	192
兵庫県		8	24	77	282
奈良県		5	6	21	77
和歌山県		2	6	30	116
鳥取県		－	6	58	83
島根県		－	10	33	151
岡山県		11	14	42	105
広島県		6	7	33	255
山口県		4	3	41	233
徳島県		－	3	25	97
香川県		1	8	38	43
愛媛県		2	16	43	124
高知県		5	13	51	91
福岡県		4	14	55	423
佐賀県		2	5	29	124
長崎県		3	2	26	139
熊本県		2	30	55	191
大分県		－	9	31	180
宮崎県		9	19	25	196
鹿児島県		13	24	31	230
沖縄県		1	2	13	69
全国	16,816	203	450	2,304	13,859

（資料）2010年農林業センサスより作成。

（4） 高付加価値化とネットワーク化、顧客満足度の高さ

直接販売は、高い顧客満足度を獲得している。本項では、４つの主要な調査報告書に基づき、マーケティング、ネットワーク、消費者意識、組織体制などを把握する。

最初に、農林水産省の調査[7)]によると、先述の通り、JA、生産者グループ、第三セクター（主に道の駅）などが運営する直売所の年間販売額は、8767億円（１万6816箇所の合計額）である。加えて、その１店舗当たりの年間販売額の平均値は5214万円である。それは決して高い額ではないが、１店舗当たり87戸が生産者登録する直売所は、少量出荷者の収入の底上げを実現している。また、平均して7.1人が直売所で働いているように、地域住民の雇用を創出する効果がある。商品の高付加価値化の取り組みについては、早朝に収穫した農産物の販売（70.8%）、地場産品のみの販売（65.8%）の割合が高い。年間販売額が100万円未満の生産者は、第１の氏名と栽培方法の表示が30%、第２の地域特産物の販売が20%、第３の高付加価値品の販売が10%にとどまっている。しかし、年間販売額が５億円以上の生産者は、第１と第２が90%、第３が60%となり、トレーサビリティや地域価値のブランディングを進めてきた。集客と販売促進の取り組みについては、特売日とイベントの開催（40.7%）が最も高く、量販店への出店（7.0%）は制約されている。単に地場産品の大量販売が重視されるのではなく、地場産品に魅せられた消費者を産地に引き入れて地場産品を販売し、産地の経済波及効果を高めることがねらいであることはいうまでもない[8)]。地域との連携の取り組みについては、幼稚園、保育園、教育機関などへの食材の提供（19.7%）が最も高くなっており、地域内消費や地域貢献が重視されているのもポイントである。

次に、法政大学地域研究センターの調査[9)]によると、道の駅には、主に情報発信（66.5%）、観光（60.7%）、地域資源の活用（46.2%）のための機能がある。そのために、地元の特産物の販売（91.1%）、雇用の場（51.7%）、住民への食材の提供（37.1%）、住民の集会やイベントの場（34.5%）などを行っている。客単価（2012年度）は1039円で、菓子類などの土産物（63.9%）、農

水畜産物（59.6%）、ソフトクリームとアイスクリーム類（53.1%）、農水畜産物の加工品（49.5%）などが売れ筋商品である。その原材料の多くが地場産であり、また従業員の多くが周辺住民であるため、店舗が立地する地域に資金が還流する。「道の駅」と住民との関係は、「とても関係がある」と「関係がある」が同率で43.6%となり、住民が交流する場として機能しているとともに、生産者と消費者とのコミュニケーションが尊重されている。参考までに、「あまり関係がない」が11%、「まったく関係がない」が0.4%である。具体的に、道の駅は、農水畜産物の生産者、商品納入業者、地域振興施設の雇用者や出店者、製造業者、卸売業者、自治体、自治組織、福祉施設、農産物直売所、加工所などを取り結び、各々の事業の中心地となっている。ひいては、道の駅のネットワークは、内部の事業者間ネットワークを広域化して、外部のネットワークへとつながる傾向がある（図3－1）。

このほか、日本政策金融公庫の調査[10)]によると、直売所への訪問目的は、「日常の食料品などの購入」が53.8%で最多となり、次いで「観光のついでにお土産を購入」が44.3%となった。したがって、直売所は住民と旅行者の双方に支持されていることがわかる。ここで、直売所を立地のタイプ別で分類すると、都市型、郊外型、中山間地域型に3分類され、なかでも郊外型の利用が多い。消費者の利用実態やニーズは、直売所の立地に大いに左右される。まず、都市型を利用する消費者は、食料調達を主目的とし、平日の午前に1人で訪れる40代以上の地元客が多い。次に、郊外型を利用する消費者は、食料調達と観光を目的とし、休日の午後に配偶者や家族と訪れる顧客が多い。30代以上が占める彼らは、店から車で1時間以内の場所に住み、年に数回の頻度で訪れる傾向がある。最後に、中山間地域型を利用する消費者は、観光を主目的とし、休日の午後に配偶者と訪れる顧客が多い。彼らは遠方から車で1時間以上かけて訪れるため、駐車場の充実や飲食施設の併設とともに、農村風景に関する好立地を強く要望する傾向がある。

消費者から見た直売所の魅力を把握すると、「鮮度が良い」が75.2%で最も高く、次いで「価格や安い」が65.2%、「地元産の食材が豊富」が45.1%、「季節感がある」が34.2%、「産地や生産者を知れる」が28.5%となっている

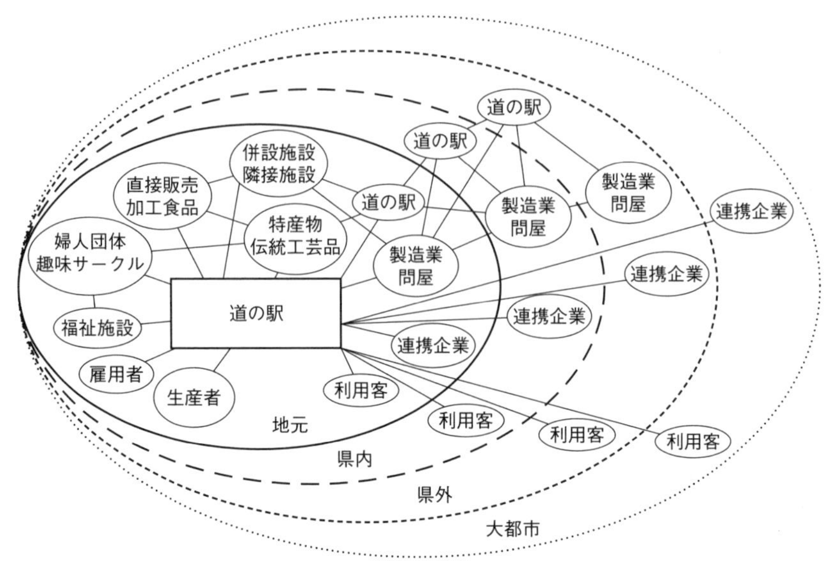

図 3-1　道の駅の取引先に関する広域的なネットワーク
（資料）山本・岡本（2014）、100 頁掲載図より作成。

（図 3 - 2 ）。無論、直売所で販売される商品は、生産者が早朝に収穫した農産物が多い。一方のスーパーマーケットで販売される農産物は、JA の選果場や卸売市場を経由するため、最速でも収穫から数日経過した農産物が陳列される。直接販売は、中間コストを削減できるだけでなく、食品の腐敗や栄養価の減少も抑えることができる。生産者とのコミュニケーションに加えて、消費者のより良い食生活と健康を保障する。かくして、直売所への改善要望は、「特にない」が 37.9％で最も高く、直売所への消費者の不満は全体的に少ない（図 3 - 3 ）。立地条件や営業時間、品揃え、価格に対する改善要望は根強いものの、顧客満足度が高いことは明らかである。

最後に、株式会社流通研究所の調査[11)]によると、1994 年以降に開設された直売所が 82.8％に上り、黒字運営が約 40％、赤字運営が約 10％を占めている。また、売上高の拡大傾向の店舗が約 40％、横ばいが約 30％、縮小傾向が 20％となり、一定量の地場産品を販売するという制限が設けられているゆえに、会員の確保と卸売市場や他地域の JA からの品揃えの充実が重要度を増

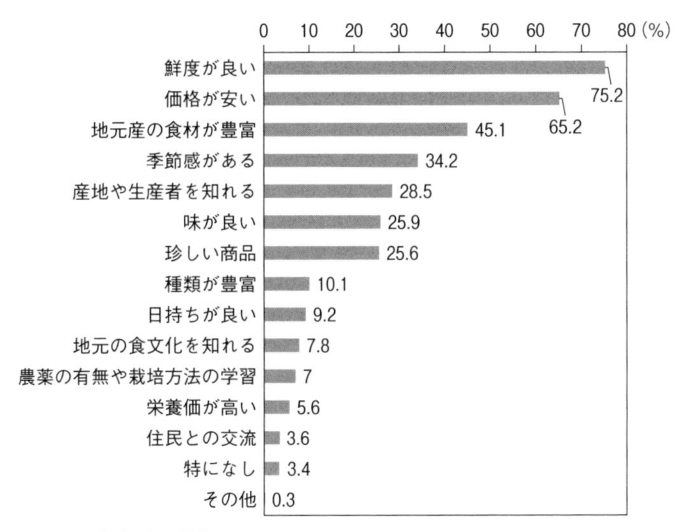

図3-2　直売所の魅力

（資料）日本政策金融公庫（2012）より作成。

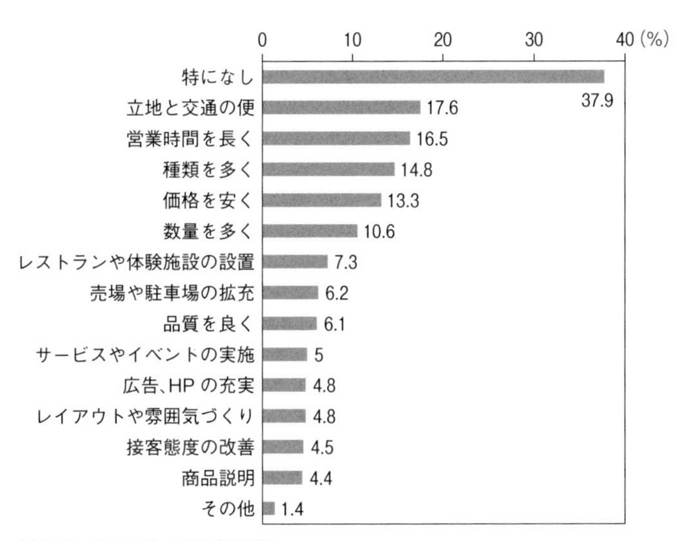

図3-3　直売所への改善要望

（資料）日本政策金融公庫（2012）より作成。

していることがわかる。すでに約20%の直売所は、過不足する農産物の融通を利かせるために、他の地域の直売所と連携して品揃えを強化している。こうした連携事業によって、品薄の時期の商品補充、地域で生産されていない農産物の販売、低価格販売、多様な情報の入手、特産品のPRなどが可能となる。同社が大都市に立地する直売所など計31箇所を対象に実施した聞き取り調査によると、農地や生産者が少ない首都圏では、地場の生産力だけでは通年における安定的な仕入れや販売量の確保が難しい。特に東京23区内の直売所は、他地域から恒常的に商品を仕入れている。首都圏の直売所に限らず、食の多様な需要に対応するためには、地場産品のみで必要量を確保することが難しい。そこで、直売所で販売される商品の約30%は、卸売市場や他地域からの仕入品も扱っている。ただし、小ロットの取引の場合は1単位当たりの物流コストが上がり、商品価格に転嫁しない限りは産地や直売所の負担となるため、個別の取引や連携が進みにくい。野菜や果物などの生鮮品の販売だけで利益を出すのではなく、日持ちのする加工品の販売、伝統行事や地域イベント、展示即売会、情報交換会、観光地のPR、都市部への試験販売などの多様な事業が期待されるところである。

JAの組織基盤の中には、販売農家と比較して経営規模が小さい自給的農家や土地持ち非農家がきわめて多い。しかも、高齢になっても農業を続ける生産者が少なくない。小規模生産者といえども、彼らが農地を所有する世帯であれば、将来の日本の農地保全や流動化にも影響を及ぼす。次世代を対象に多様な農業の組織化を促し、潜在的かつ意欲的な継承者をJAの事業や組織活動に逸早く引き入れ、つなぎ止めることによって、今後の農地の相続と利活用の円滑化に資する。

2　直接販売の流通機能と地域社会への埋め戻し

(1)　新たな制度における中間コストの節約

多様な会員が多様な事情で関与する農産物直売所では、大規模な機械化や大都市の中央卸売市場への出荷が要求される農業に従事しにくい高齢者や女性、定年退職者らが、働く場所を自覚的に創造し、わずかな農地を耕して収入を得ることができる。従来の体制に欠けているこの機能は、「直売所のホスピタリティ機能[12)]」と評価される。組織運営を担う主要な制度と技術の設計について、生産者の観点が徹底されていることからも明らかである。

制度面では、地産地消活動を行う生産者は、自ら商品価格を決定することができるため、生活の様式と生活の変化に合った安定価格で農産物を販売できる。また、輸送費や資材費などの経費の節約、農薬の低減、選別の簡素化、労働時間の短縮などを実現でき、ゆとりをもって働ける。地産地消活動では、鮮度が落ちやすくて外観が悪い農産物や、不揃いで少量の農産物でも出荷できる。兼業農家、高齢者、女性が出荷しやすく、消費者との直接対話によって人的交流が深まりやすくなる（橋本編 2004、55-56 頁）。

ここで、卸売市場流通と直接販売の流通形態を比較した（表3－2）。各所で言及したように、直接販売は、生産者から最終消費者までの中間コストと流通時間を節約できる。ひとつは生産者の手取り価格の増加に寄与し、もうひとつは消費者に対する安価で新鮮な農産物の提供に資する。卸売市場流通の場合、一般的にJA 共同販売に組み込まれ、利益分配がプール計算されるため、生産者は自身の販売価格を即座に把握できない。後々に判明する受取額が妥当な販売金額か否かも、生産者は判断できない。この系統出荷の仕組みは、本来はJAの組合員に対する公平な利益分配のために確立された制度であったが、情報開示の不透明性を含めて様々な課題を抱えている。一方で、直接販売では、集荷手数料以外は会員個人に分配され、生産者利益に適う。しかも、パッケージは簡素化され、商品規格は撤廃されている。出荷量が小口であっても全く問題はない。なおかつ、卸売市場流通では卸売業者が価格決定権をもつのに対して、直接販売では会員個人が価格決定権をもつ。

技術面では、卸売市場で調達しにくい差別化された商品を販売する農業生産法人や組合法人であれば、契約取引の価格の安定、規格の簡素化、輸送コストの節約などの利益を享受できる。卸売市場外流通の拡大によって、情報化が遅れた商品や小口の物流コストを節約できる。営業活動の際には、コンピューターで受発注を管理することで速断できる。安全性を説明するデータ

表 3-2　卸売市場流通と直接販売の流通形態

		卸売市場流通	直接販売・産直（市場外流通）
基本項目			
	流通主体	卸売業者	会員（生産者）
	出荷形態	共撰共販、 無条件委託販売	個人出荷
	集荷者	農業協同組合	農業協同組合、第三セクター、 生産者団体等
	生産者から消費者までの 仲介層	4～5	1
中間コスト			
	集荷手数料	○	○
	撰果手数料	○	×
	農協手数料	○	×
	全農手数料	○	×
	市場手数料	○	×
	輸送費	○	×
	安定基金	○	×
出荷規定			
	商品規格	有（厳格）	無
	出荷ロット	大	小
	パッケージ	有	簡素化
	出荷先	卸売市場	直売所、道の駅等
	価格決定者	卸売市場	会員（生産者）
	利益分配	プール計算	集荷手数料以外は個人へ

（資料）於勢（2002）、103 頁掲載表より作成。
（注）集荷手数料は生産者が農協支所に持参した農産物を農協本所の集荷場に配送する際の手数料、撰果手数料は「秀・優・良」「LL、L、M、S」など規格分けした農産物を検品する際の手数料、農協手数料は市場で売却された農産物に対する一定手数料、全農手数料は全農協を統括している全国組織に支払う一定手数料、市場手数料は卸売市場に支払う一定手数料、安定基金は農産物の市場価格が廉価な時に生産者収入の補填支払いのために積み立てる基金である。

としては、商品のトレーサビリティーの徹底によって、差別的優位性を追求できる。現に、量販店との取引の際には、リードタイムの短縮に対応させるために、1日程度の保管機能をもたせ、販売計画と生産システムを連動させているところもある。こうしたメリットを得ようとする農業生産法人の中には、情報の共有化を契機として、経営組織の高い自立性が足かせとなって進展しなかった法人間のネットワーク化を図り、取引先に関する情報共有や加工施設への共同投資を進める法人も見られる（斎藤・慶野編 2003、20-22 頁）。

なお、都市農山漁村交流活性化機構の調査において、直売所の約半数がスーパー等で採用されているPOS（Point of Sale：販売時点情報管理）システムを導入しているうえ、このシステムをベースとして、店舗と生産者の端末を連動させた独自の販売管理システムを構築するなど、技術革新に余念がない直売所が全国的に増えている。

（2） 収穫調整過程の短縮と生産者利益

青果物の生産過程は、「栽培過程」と「収穫調整過程」で構成される。後者は、農産物の収穫から始まり、選別、包装、荷造り、搬出、出荷に至るまでの過程である。農作業は、基本的に夫婦単位の労働力によって行われる。とりわけ、農作業は、組作業が合理的である場合が多い。様々な最新の機械の導入によって栽培過程を省力化できる一方で、手作業への依存度が高い収穫調整過程は、往々にして機械化が容易ではない。したがって、家族による労働力の質的かつ量的な確保は、常に生産規模を規定する。以下では、農作業の特質を種類別に検討することで、特に過重労働を軽減できる直接販売の意義を中心に述べる。

まず、根菜類の場合、収穫する際の掘取作業は、前屈姿勢で瞬間的に約10 kgの重量を持ち上げるに等しい力が求められ、作業強度と苦痛度が著しく高い。その後、収穫物を束ねて畑から運搬車へ搬送する作業は、両手で2束（計約20 kg）をもつ。さらに、降水量の多い収穫時期には、地面がぬかるんで作業の苦痛度が倍増する。次に、葉菜類の場合、刃物で根元を切断して収穫する過程は、前屈姿勢のために苦痛度が同様に高い。その後、畑での選別と包装を要する。最近の洋食化による需要の増加や、洗浄・葉切り・毛取りなどの作業が不必要であることは、葉菜類の生産が志向されるようになった要因である。しかし、葉菜類は、天候の影響を受けやすく、鮮度の維持が難しい。最後に、果菜類の場合、根菜類や葉菜類に比べて収穫時期が格段に長い。数か月にわたって収穫作業が続き、著しく労働集約型となる。しかも、出荷段階では、選別・包装・荷造りなどの作業が複雑化し、パック詰めも増えて、小分け作業が煩雑となる。このように、青果物の生産過程では、収穫調整過程で生じる過重労働の軽減化が最大の課題となる[13]。

こうした事情に応えて、秋谷重男は、卸売市場流通と一線を画する販路として産直[14]に期待した。氏によると、生産者のメリットは、「無包装の農産物を積載できる」や「小さい農産物や変形した農産物も積載できる」と表現される単純で許容度の広い輸送システムの開拓、流通時間と流通コストの最小化とあわせて、選別と包装に関する費用を節約できる点である（秋谷 1978、77-82 頁）。従来、青果物の栽培から出荷までの過程で、労働力の集中燃焼が要求される時期は、「仕立てと定植」と「収穫と出荷」の 2 期に大別される。そして、「収穫と出荷」の際、長期間にわたる細かな選別作業と包装作業によって、多大な労働時間を要する。ことに、収穫物の「大・中・小」の区分、「A 級か B 級か」の選別、一定量のダンボール詰めやパック詰めなどの作業が容易ではない。出荷の最盛期になると、収穫量に対して選別と包装の作業が間に合わず、畑やハウスに青果物を放置して腐敗させてしまうケースすらあるとされる。以下に引用した証言は、卸売市場流通のもとで働く生産者の労働過程を巧みに言い表している。

> ダイコンのような根菜類、ホウレンソウのような葉茎菜類については、収穫後に洗浄し、姿や形を揃え、束ねて縛るまでが重労働である。最近では、農家の家族数は減少傾向にある。高校進学率も大学進学率も上昇し、一昔前のように、学齢期の息子や娘を農作業に従事させる光景は、珍しくなった。そうなると、選別、選果、包装、箱詰めといった細かな手仕事は、農家の主婦にしわ寄せされる。高温のハウスでの果菜類の選果、前かがみの姿勢での長時間にわたる選別、根菜類や葉茎菜類の水洗いが、主婦の肩に圧し掛かる。繁忙期になると、臨時に働き手を雇用するか、夫婦が無理を重ねて対応するかしかない。（秋谷 1978、79 頁）

ここで、卸売市場流通と直接販売の収穫調整過程を比較した（図 3 - 4）。従来、「もぎとり」から「販売」までの間に 14 工程を経る。一方、直接販売であれば、わずか 3 工程で完了できる。このように、収穫調整過程の労働時

従来の工程（卸売市場流通）	直接販売の工程（地産地消）
販売	販売
↑	↑
陳列	会員が値札を付けて陳列
↑	↑
値付	
↑	
パック詰	
↑	
小売運搬	
↑	
セリ取引	
↑	
市場納入	
↑	
規格別区分（縄かけ）	
↑	
箱に印など表示（規格別・出荷別）	
↑	
計量	
↑	
第2次選別（ダンボール詰）	
↑	
第1次選別（大別）	
↑	
ダンボール箱組み	
↑	
持ち帰り	運搬
↑	↑
コンテナ詰め	ケース・袋詰
↑	↑
もぎとり	もぎとり

図 3-4　卸売市場流通と直接販売の収穫調整過程
（資料）秋谷（1978）、81 頁掲載図より作成。

間を短縮して過重労働を軽減できる直接販売は、人口減少、生産者の減少、農業従事者の高齢化、家族数の減少が進む現在の日本では、まさに１世帯・１人の生産者利益と生活に根差した最適な仕組みといえるのである。

（3） 都市社会における文化と個性の発展

最後に、地産地消活動と直接販売が醸成する生産者や住民の個性や、地域文化の発展を論じることにしたい。都市と農村、食と農、生産者と消費者との乖離が進むなか、生産者や集出荷組織は、卸売市場流通の構造と体制によるルーチンに従ってきた。一方、消費者指向の地産地消活動では、日々進歩する法制度と古き良き法たる地域慣習に支えられ、生産物の規格や販売価格などの「生産から販売に至るまでの決定力」が生産者側に埋め戻されている。いわゆる、アソシエーションにおける生産者は、自身の具体的な利益を主体的に追求し、個人的所有を拡充して中間コストを節約し、ひいては生産手段と生活手段を得て労働時間を短縮して、人格的独立を果たすのである。

生産者へのアンケート調査によると、直接販売の魅力は、生産者同士の交流や消費者の声を聞けるという魅力に加えて、日々の販売成果を把握できる点、生産者自身で価格決定できる点、商品規格や数量に拘束されずに出荷できる点などが挙げられる。つまり、従来の制度が保障できない創造的な仕組みや自由度の高さが上位に位置する（白武 2003、33-35 頁）。農家の女性の生産意欲の高さに表れているように、生産者が生き生きと農業に従事するようになってきた。農産物直売所の設置によって、第１に生産者数の増加、第２に高齢者の活躍、第３に減農薬栽培の増加、第４に地域風土に合った伝統野菜の生産、栽培品目数の増加、第５に作付面積の拡大、第６に耕作放棄地の減少、第７に地場産品を使った多様な加工食品の製造と開発、第８に地域人材の雇用などが進むことが指摘されている。このように、都市農業が再生して経済社会が活性化している最善の諸相が見られるようになった。

敷衍すれば、篤農家らによる有機農業のように、農薬や化学肥料の削減、包装や容器の簡素化、家庭ゴミの削減にも寄与する。ひいては、化石燃料による温室効果ガスや大気汚染物質の排出量を削減し、自然にやさしい都市社会の形成に貢献し、環境と生態系の保全にも効果をもたらす。都市化の進展が著しい現代社会では、動植物が自由に生きる自然美、田園景観、園芸趣味のための農耕地を欠いた都市空間であれば、豊かさと満足感が得られる人間生活の実現も容易なことではない。都市圏における農業のある暮らしや自然の美観壮観が、人間の情操を養って道徳感情を高め、生活に抑揚とゆとりを生んで経済活動の発酵剤となる側面もありうる。都市農業や食文化と深い関わりをもつ祭儀や伝統行事、郷土芸能などの都市文化が再興される端緒ともなり、生産者と消費者が互いに顔の見える人間関係を構築していくに違いない。ことに、すべての生産者が農産物を分け隔てなく売るための権利を得て、信頼の深め合いや対話と交流によって生産者らの個性が光り、都市生活におけるコミュニケーションの促進、学習機会の増進、都市住民の潜在的力量の顕在化、前駆的な市場経済に資するものとなろう。

したがって、地産地消活動と直接販売は、生産と流通、食生活の場面で過度に追求してきた拡張性や全体性を省察し、一生産者の目的に合った労働過程を提供する。さらに、人間の生命活動と健康維持に不可欠な食料の流通を通じて従来の体制を根本から問い直し、慣性に従う働き方からの脱却を促し、労働の魅力化を図るための手段となりうる。はては、創造性、経済性、独立自営の精神などを保証し、より豊かな都市社会の実現に向けて従来の制度を漸進的に改善していくものである。

3　結　論

本章は、日本における卸売市場外流通と地産地消活動の展開過程を把握し、生産者が獲得した経済的・社会的地位の諸相を総合的に論じた。

卸売市場流通再編下の産地における生産者は、顔の見える流通やより安全で高品質の農産物を求める消費者ニーズに応える方法を模索するようになった。卸売市場外流通と地産地消を推進する量販店は生産者との直接契約を進め、集出荷組織は新たな販路を開拓し始めた。小規模生産者は、価格決定権の獲得、中間コストの節約、収穫調整過程における労働時間の短縮と過重労働の軽減を長所とする直接販売に活路を開き始めた。地域内外の事業者間ネットワークの拡充や顧客満足度の高さを背景に、都市圏で農業のある暮らしを実現し、信頼の深め合いや対話と交流で個性を輝かせる諸相が見られるようになったのである。

最後に、2章に及んだ本書の総説を締め括るにあたり、若干の考察を加えておきたい。

1970年代以降、大量生産・大量流通・大量消費を促すための数々の法律の制定に基づき、集出荷組織・卸売業者・量販店という三役の再編と規模拡大によって、卸売市場制度は顕著な変容を遂げた。首都圏の巨大な消費量にも支えられて、東京都中央卸売市場が比類のない地位を築くに至った。制度に裏付けられた卸売業者は、主導権を握るべく熾烈な競争を繰り広げてきたのである（Bestor 2004、訳書344-345頁）。こうした状況下では、進歩向上への刺激として競争原理を導入しながら、卸売市場制度と卸売市場流通を改善するために、多様な生産者の実態把握と意見集約が求められる。

卸売市場と産地の結合構造に関する現実的な課題は、価格形成で不利な立場にある者、すなわち農業を辞めざるをえない零細農家と小口販売の小規模生産者らを、いかにして卸売市場につなぎとめるかである。収益性や生産効率の追求、物理的な取引空間の提供、規模の拡張性、広域性の実現に加えて、都市社会のネットワークを補強して地場産品や地域情報の高付加価値化を図るシステムの整備を進める必要がある。コミュニティの組織や人間同士を取り結ぶ媒介機能を漸進的に形成するための政策が不可欠である。

かたや、地産地消活動で緩やかに組織化される生産者は、小社会の相互交流を深めて固有の行動様式・生活様式を形成し、自治力を高める過程で重要な役割を果たす。そして、多様な社会ネットワークを架橋する組織リーダーが有形・無形の活動と成果を生み出し続けるためには、ある種の生得的な価値観に基づいて経営を貫徹するプロセスが欠かせない。産直に関する既往研究では、大規模化、システム化、広域化に伴って、生産者への一方的なリスク負担、生産者と消費者の関係の希薄化などの諸問題が現れ始めるとされる。ことによると、進歩向上すべき経済活動の強固な基盤であるはずの社会性や人間の独創性を圧迫し、それを無力化する方向にすら反作用するのである。

したがって、地産地消活動と直接販売の持続的発展のためには、多様化の様相を強める時代状況に連動させるように、大都市の生活や文化の多元性を消費形態に照応させることが求められる。凝集性の高い小規模な生産者ネットワークの多様性、優れた個性を尊ぶ社会的意義を理解し、冒険や変化、わずかな煩労を避けることなく、生産者と消費者、都市住民との協働によって開拓的な経済活動を絶え間なく創造していく必要がある。今後、地産地消活動と直接販売の社会的意義がより一層認知されるとともに、特に大都市圏の兼業農業や自給的農業による金銭収入の確保に向けて、様々な事情を抱えた生産者が自由な価格設定で少量かつ不揃いの農産物を通年販売できるという真新しさを貫徹していくことが望まれる。

第4章

農産物の流通構造変容下における

直接販売の伸長要因

—和歌山市中央卸売市場とJA紀の里の新展開—

1　本章の課題

本章の課題は、和歌山県紀の川市に立地する「ファーマーズマーケット　めっけもん広場」（以下、めっけもん広場）を取り上げ、卸売市場流通に関する都道府県レベルの統計資料をもとに直接販売の伸長要因を明らかにすることである。本章の分析によって、農産物流通構造の再編過程と直接販売の興隆の背景を、自治体レベルの二次データと直接販売に関する一次データに基づいて示す。

1980年代半ば以降、国際協調を基調とした経済政策が展開され、基幹的な農産物を除く内外価格差の著しい品目の輸入が促進された。1990年代に入ると、牛肉やオレンジの自由化や米の部分自由化が実施され、農産物流通の国際化や農産物貿易の自由化が一段と進展した。こうした動向を受けて、安全安心な食料の確保が喫緊の課題となり、2000年以降の「顔が見える」野菜を調達する志向から、従来の流通からの脱却を図る流通個別化に向かう動きがスーパーマーケットにおいても見られ、規格化や画一化を基調とする従来の流通システムとは異なる新しい農産物流通のあり方が模索されてきた（池田2005）。

直売所は柔軟性の高い組織的性格をもち、地場産の農産物を主要な販売品としながら、加工食品や新品種などの新たな販路としても世間の耳目を集めている。直接販売とその拠点となる農産物直売所や道の駅などに関する既往研究は、個別事例を分析して得られた知見に基づく論及が多く、直接販売が全国的に活況を呈し、持続的発展を続けている要因を統計データから論じた研究は少ない。卸売市場流通という日本の農産物流通の大半を占める流通チャネルが存在する一方で、いかなる要因によって直接販売のチャネルが興隆しているのであろうか[1)]。

上記の研究課題に取り組むために、和歌山市中央卸売市場を中心とする卸売市場流通に関する統計資料を入手した。また、JA紀の里販売部の事業内容に関する聞き取り調査のうえで、消費者へのアンケート調査を実施した。両調査は2011年9月に実施し、聞き取り調査は販売部長の中山裕之氏と直売課長の鈴木雅富氏を対象とした。

2　和歌山県の卸売市場流通と直接販売

(1)　和歌山県の農業の概況

和歌山県の農業は、大阪府に隣接する温暖な地理的条件のもとで、ミカンなどの果樹栽培を中心に、多様な農産物が生産されている点を特徴とする。農産物の生産・出荷状況を自治体別に概観すると、野菜は和歌山市から紀の川市までの紀の川流域の自治体と、御坊市周辺の沿岸部の自治体に集中している。果実の場合は、野菜のように特定の自治体に集中して生産されているわけではないが、和歌山市から橋本市までの和歌山平野と、田辺市周辺の自治体が生産の中心地となっている。また、地形や気象などの自然条件の影響から、紀の川流域の自治体と紀伊水道沿岸部の自治体では、野菜と果実両方の生産が盛んである[2)]。

2011年の農業産出額における部門別構成比は、果実59.6%、野菜15.8%、米8.4%、花卉5.2%、畜産5.8%で、特に果実は全国有数の生産額を有している。産出額の都道府県別の順位を見ると、ミカン（全国シェア約15.9%）、ウメ（同57.7%）、カキ（同21.8%）、ハッサク（同66.7%）、グリーンピース（同54.5%）が全国トップで、サヤエンドウ、スターチス、スモモ、宿根カスミソウは全国2位を占めている。都道府県別順位は、野菜は160億円で全国36位、果実は青森県の751億円に次ぐ604億円で全国2位に位置している。

このように、和歌山県における青果物の生産規模は、温暖で傾斜地の多い和歌山県において果実生産が重要な役割を占めているのに対し、野菜生産は果実と比べて零細である。野菜の中ではハクサイやキャベツなどの露地野菜に加えて、イチゴやトマトなどの施設栽培にも重点が置かれているが、野菜の生産額は果実のそれの4分の1に過ぎず、高齢化や野菜価格の低迷、輸入野菜の増加などを背景として野菜の作付面積は年々減少してきた。また、和歌山県の主要野菜は、他の都道府県と比較して生産規模が小さく、全国への出荷量のうち高いシェアを占める和歌山県産野菜は、グリーンピースやサヤエンドウ、ショウガ、クレソンなどの特産的な品目に限られる。

（2） 和歌山県における卸売市場流通の変容

和歌山県における農産物の流通構造の特徴として、3点が挙げられる（藤島・辻 1988)。第1に、大都市間の幹線道路網から外れた紀伊半島の先端に位置するために和歌山県外からの集荷が難しく、和歌山県内の卸売市場は地元の生産者からの集荷に大きく依存する。第2に、和歌山県に立地する卸売市場が全国流通に組み込まれる場合、一度に大量の取引が可能な品目が中心となる。第3に、和歌山県外に出荷する場合、県下のいかなる地域も大阪府を経由する交通条件を抜きにすることができず、和歌山県の卸売市場は集荷と出荷の両面で大阪府の卸売市場と結合している。すなわち、和歌山県の卸売市場は消費地市場としての性格が強く、狭域的な集荷範囲の限られた生産者に品目の多様性を要求する集荷構造となっている。それゆえに、ミカンやウメ、カキなどの主要な和歌山県産を除いて、比較的マイナーな青果物は、和歌山県外に出荷されずに県内で積極的に消費されていると見受けられる[3)]。

なお、和歌山県では、和歌山市中央卸売市場の年間取扱データを分析することで、農産物流通構造の変容を俯瞰できる。その開設初年度から2011年現在までの青果物の卸売数量を把握すると、果実は横ばい傾向、野菜は増加

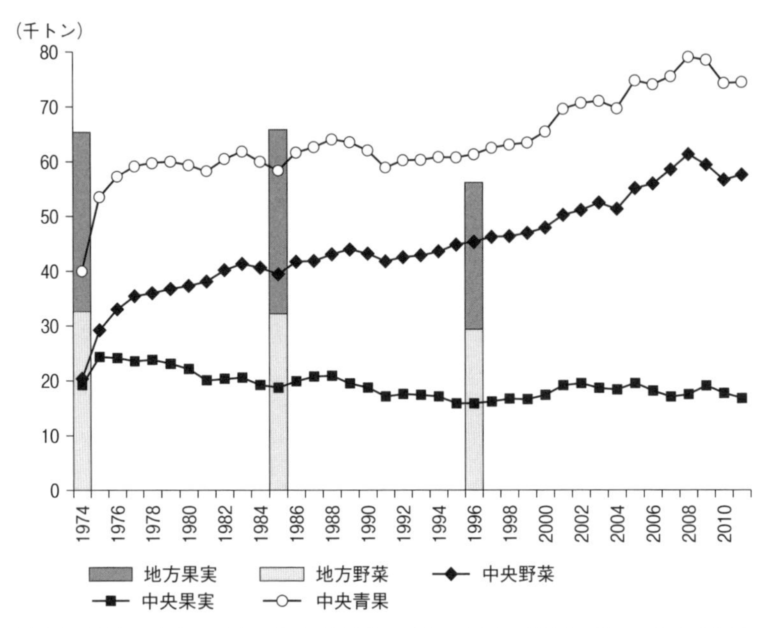

図 4-1　和歌山市中央卸売市場及び和歌山県の主要地方卸売市場における卸売数量の推移

（資料）和歌山市中央卸売市場年報、青果物卸売市場統計年報（和歌山県）より作成。

傾向にあり、全体として微増してきたことがわかる（図 4-1）[4]。

まずは、和歌山市中央卸売市場が分荷を一手に担う和歌山県の人口と、青果物の摂取量の推移を提示しておきたい（図 4 - 2）。和歌山県の人口は、1974 年は 104.3 万人であったが 2010 年は 100.2 万人となり、ほぼ横ばい傾向である。青果物摂取量は、各年で若干の変動幅があるが、1974 年には 1 人当たりが 256.4 g/日の野菜を摂取していたが、2010 年には 226.3 g/日に減少した。同様に、果実も 183.6 g/日から 115.8 g/日に減少した。つまり、1974 年から 2010 年にかけて、和歌山県産の青果物が県外に出荷されなかったという仮定のもとでは、和歌山県内の青果物の生産および出荷量が従来通り見込めるのであれば、県外から青果物を入荷させると需要を上回る消費動向であった。将来予測によると、人口減少がより一層進んで 1 人当たりの粗食料の増加も期待できないため、和歌山県内の生鮮品等の需要は、今後も逓減し

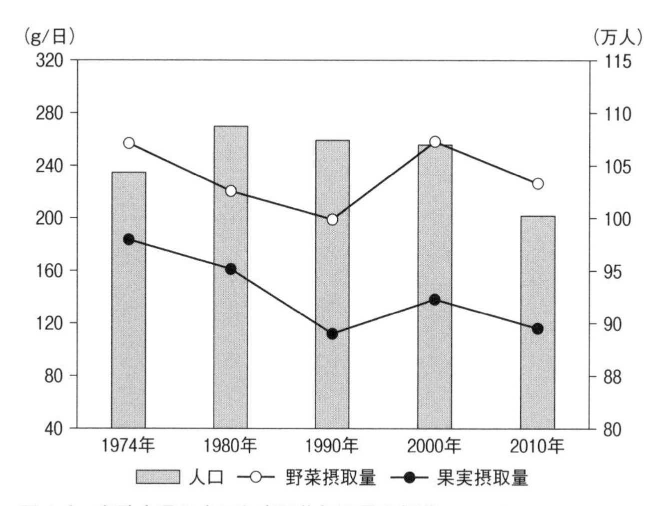

図 4-2　和歌山県の人口と青果物摂取量の推移

（資料）国勢調査、国民健康・栄養調査より作成。
（注１）地域ブロックは近畿Ⅱの値。
（注２）野菜は緑黄色野菜とその他の野菜の合計。
（注３）1974 年の摂取量は全国の平均値。

て推移していくことが予想される（和歌山県 2012）。

次に、和歌山市中央卸売市場における青果物の地域別入荷量比率を経年的に把握すると、開設当初から現在にかけて著しい変容を遂げてきたことがわかる。野菜・果実の地域別入荷量比率は、野菜については、開設初年度の 1974 年は重量ベースで 58.5％が和歌山県内からの入荷であった。しかし、その後は右肩下がりの減少を続けて、2010 年は 17.7％まで低下した。一方、果実についても、1974 年は重量ベースで 57.9％が和歌山県内からの入荷であった。しかし、果実は野菜と比較して緩やかな減少基調にあったものの、2010 年は 50.7％まで低下した（表４－１）。

比率を金額ベースで見た場合も、和歌山県産の野菜の入荷比率が大幅に低下してきた傾向に大差はない（表４－２）。共通する特徴のひとつは、1974 年の時点では和歌山県産のシェアは過半数を占めていたが、2010 年ではその３分の１程度にまで落ち込み、20％以下のシェアに低迷したことである。もうひとつの特徴は、なかでも北海道と九州・沖縄のシェアが伸長したことで

表 4-1　和歌山市中央卸売市場における野菜・果実の地域別入荷量比率の推移

（単位：%）

地域	野菜					果実				
	1974 年	1980 年	1990 年	2000 年	2010 年	1974 年	1980 年	1990 年	2000 年	2010 年
北海道	3.7	11.1	12.3	20.8	21.7	0.0	0.0	0.1	0.5	0.3
東北	0.7	1.7	2.3	3.6	3.6	9.6	11.3	13.8	10.2	11.9
関東	2.8	5.3	6.0	7.8	11.8	0.0	1.4	0.9	1.4	1.0
東山	18.2	14.1	13.9	13.3	10.9	5.1	4.9	3.7	5.5	3.1
北陸	0.0	0.0	0.2	0.3	1.3	0.2	1.8	1.0	0.2	0.8
東海	2.6	2.9	4.5	4.5	4.9	1.3	1.9	1.8	3.1	1.2
近畿	60.2	45.2	39.5	28.4	21.9	60.8	57.4	55.8	54.4	51.0
和歌山県	58.5	41.0	31.8	22.4	17.7	57.9	56.0	55.5	54.1	50.7
中国	2.5	4.0	4.8	1.3	0.9	12.3	10.1	8.4	3.8	1.8
四国	2.3	5.9	4.5	6.8	6.7	1.3	1.4	1.6	2.3	2.5
九州・沖縄	6.7	9.6	10.8	9.7	14.6	4.6	5.3	5.9	4.5	2.9
輸入	0.2	0.2	1.2	3.4	1.8	4.7	4.5	7.1	14.1	23.6
計	100.0	100.0	100.0	100.0	100.0	100.0	100.0	100.0	100.0	100.0

（資料）和歌山市中央卸売市場年報より作成。

ある。重量ベースとの差異を見ると、四国のシェアが九州・沖縄に比肩している点が挙げられる。つまり、重量ベースにおける 2010 年の野菜は、四国が 6.7%、九州・沖縄が 14.6%であったが、金額ベースにおけるそれは、四国が 12.7%、九州・沖縄が 13.0%となった。他方、重量ベースにおける 2010 年の果実は、輸入果実が 23.6%を占めたが、金額ベースにおけるそれは、輸入果実が 14.1%にとどまった。このように、和歌山市中央卸売市場における入荷比率は、重量と金額の両指標で把握できるが、若干の差異こそ見られるものの、全体として両者の増減は連動して推移してきたと判断できる。

野菜と果実を入荷量比率で比較した場合、和歌山市中央卸売市場の開設から現在に至るまでの間に、和歌山県からの入荷比率が年々低下してきた点は同様である。特に、果実と比べると野菜の減少幅が際立ち、和歌山県産野菜の大幅な低下が明らかである。果実に関しては、和歌山県産シェアに野菜ほどの変動は見られなかったが、輸入の伸長が目立った。そして、和歌山市中央卸売市場への野菜の供給地域として、1974 年から 2010 年にかけて、特に北海道の占める比率が急上昇した事実を見逃せない。入荷量比率の伸長だけを見ると、東山と中国以外は上昇し、特に輸入野菜もこの間に著しく増えて、

表 4-2　和歌山市中央卸売市場における野菜・果実の地域別入荷額比率の推移

（単位：%）

地域	野菜					果実				
	1974 年	1980 年	1990 年	2000 年	2010 年	1974 年	1980 年	1990 年	2000 年	2010 年
北海道	2.9	6.8	7.5	14.9	18.0	0.0	0.0	0.1	0.4	0.3
東北	1.4	2.3	2.9	3.1	2.4	9.7	12.4	14.6	11.0	14.4
関東	2.3	3.1	3.7	4.0	7.2	0.0	0.8	0.5	1.4	1.4
東山	16.9	11.3	15.6	13.5	10.8	7.2	7.4	6.2	7.2	5.9
北陸	0.0	0.0	0.1	0.5	2.8	0.1	0.6	0.6	0.2	0.8
東海	1.5	2.4	4.4	4.6	5.5	3.7	5.3	3.5	3.1	1.4
近畿	58.8	46.1	41.9	32.4	23.6	54.0	49.8	50.8	54.3	49.5
和歌山県	56.1	41.2	35.0	26.9	19.2	46.6	46.6	49.9	53.4	48.4
中国	2.1	3.1	3.7	2.2	1.9	14.5	11.3	9.9	4.9	2.5
四国	4.7	9.7	8.4	10.8	12.7	0.9	2.3	3.1	3.9	4.3
九州・沖縄	7.2	9.8	9.5	9.1	13.0	5.3	5.4	5.5	4.8	5.5
輸入	2.2	5.3	2.3	4.9	2.3	4.4	4.7	5.3	9.0	14.1
計	100.0	100.0	100.0	100.0	100.0	100.0	100.0	100.0	100.0	100.0

（資料）和歌山市中央卸売市場年報より作成。

同様に東北や関東、四国の比率も順調に伸長した。別言すれば、和歌山県における野菜の卸売市場流通の特徴は、1974年から2010年までの間に、北海道や九州・沖縄など遠方の大産地からの供給に依存するシステムに移り変わったと見受けられる[5)]。こうした傾向を読むと、和歌山県の地場産品が和歌山県の卸売市場流通チャネルに組み込まれない構造が経年的に形成されてきたのではないかと推察されるのである。

ここで、果実の地域別出荷量比率の推移に目をやると、和歌山県の果実については、我が国のミカンの一大産地であることから理解できるように、1974年のシェアが8.2%であったのに対して、2010年には11.1%に上昇した（表4－3）。つまり、和歌山県の果実は、全国の果実の産地と比較して出荷量を相対的に高めた。一方、和歌山県の野菜については、1974年のシェアは1.3%を占めていたが、2010年には0.6%に低下した。加えて、1974年から2010年にかけて出荷量比率は半減したものの、地域別入荷量比率の低下率を下回ったことが明らかである。要するに、表4－1において和歌山市中央卸売市場で和歌山県の野菜と果実の入荷量がともに低下した要因は、和歌山県内の野菜と果実の出荷量が低下したことのみに起因するわけではないの

表 4-3　野菜・果実の地域別出荷量比率の推移

（単位：%）

地域	野菜					果実				
	1974年	1980年	1990年	2000年	2010年	1974年	1980年	1990年	2000年	2010年
北海道	20.1	22.1	26.1	27.9	27.1	1.2	0.9	0.9	0.8	0.7
東北	7.9	7.7	8.3	7.6	7.5	15.3	17.2	21.6	21.5	32.0
関東	25.3	26.6	23.7	24.7	25.8	5.7	5.5	5.3	6.6	9.6
東山	5.2	6.2	5.0	5.0	5.0	7.2	8.7	10.8	12.1	10.6
北陸	3.1	2.8	2.5	1.8	1.6	1.0	1.0	1.4	1.6	1.9
東海	10.9	9.4	7.6	7.4	7.3	10.5	8.5	7.8	8.3	7.8
近畿	6.8	6.2	5.2	4.0	3.7	10.6	11.2	11.1	12.7	13.3
和歌山県	1.3	1.2	0.9	0.7	0.6	8.2	9.1	8.8	10.7	11.1
中国	4.2	3.5	3.0	2.3	2.1	8.1	7.0	6.6	5.5	3.4
四国	4.8	4.1	4.3	3.9	3.4	16.0	14.0	13.8	13.5	7.4
九州・沖縄	11.7	11.6	14.4	15.2	16.4	24.5	26.0	20.7	17.3	13.4
計	100.0	100.0	100.0	100.0	100.0	100.0	100.0	100.0	100.0	100.0

（資料）作物統計より作成。
（注１）出荷量は、収穫量のうち生食用、業務用向け、加工用とした販売量をいい、生産者の自家消費量や種子用・飼料用としての販売量は含めない。
（注２）扱ったデータには複数の欠測値がある。

である。

全国に占める和歌山県の農業産出額の推移を補足しておくと、野菜は、1974年は1.0%を占めていたが、2010年には0.7%に低下した。一方、果実は、1974年の6.4%から2010年の8.2%に上昇した（表4-4）。野菜は1.0%から0.7%に低下したものの、これもやはり地域別入荷額比率の低下率を上回る値ではない。これらのことから、和歌山県の野菜と果実の出荷量・産出額を比較検討すれば、和歌山県外から和歌山県に入荷した青果物の増加分ほど逓減しているわけではないことを見て取れる。

そのうえで、全国の中央拠点市場（中央卸売市場）において、和歌山県の野菜・果実がどのように取り扱われるようになったのかを、経年的に検討する（表4-5）。まず、1970年から2010年までの野菜の全体的な傾向に着目すると、入荷量比率が上昇した中央卸売市場は広島市以外にはなく、その他の市場の入荷量比率は低下したことがわかる。卸売市場別に見ると、低下率には顕著な差があり、この間に、札幌市と仙台市でのシェアは10分の1以下にまで落ち込んだ。同様に、東京都と横浜市でのシェアは約3分の1になっ

表 4-4　野菜・果実の地域別産出額比率の推移

（単位：%）

地域	野菜					果実				
	1974 年	1980 年	1990 年	2000 年	2010 年	1974 年	1980 年	1990 年	2000 年	2010 年
北海道	6.2	6.1	6.4	7.8	9.0	1.6	0.9	0.7	0.8	0.7
東北	10.6	10.3	10.9	11.0	10.4	19.4	21.8	19.9	19.8	23.2
関東	29.0	29.6	28.7	28.5	30.0	6.8	7.4	6.9	8.6	8.9
東山	5.8	4.8	4.5	4.0	3.9	11.2	15.5	14.1	13.9	13.1
北陸	4.0	3.1	3.1	2.6	2.7	1.7	1.9	1.8	1.9	2.1
東海	12.2	12.6	11.2	11.2	9.9	8.1	7.8	7.2	8.9	8.0
近畿	7.6	7.1	6.3	5.4	5.3	9.6	8.2	10.9	10.8	10.8
和歌山県	1.0	1.1	1.0	0.8	0.7	6.4	5.6	8.5	8.3	8.2
中国	5.4	4.7	4.2	3.7	3.6	9.2	7.3	7.5	6.7	6.2
四国	6.5	7.3	7.3	7.2	5.9	12.6	11.2	10.9	10.3	9.9
九州・沖縄	12.7	14.2	17.3	18.5	19.3	19.9	18.1	19.9	18.3	17.1
計	100.0	100.0	100.0	100.0	100.0	100.0	100.0	100.0	100.0	100.0

（資料）生産農業所得統計より作成。

表 4-5　全国の中央拠点市場における和歌山県産野菜・果実の入荷量比率の推移

（単位：%）

市場	野菜					果実				
	1970 年	1980 年	1990 年	2000 年	2010 年	1970 年	1980 年	1990 年	2000 年	2010 年
札幌市	1.1	0.6	0.4	0.2	0.1	10.4	20.4	11.2	11.9	10.2
仙台市	1.1	0.6	0.2	0.1	0.1	8.3	7.0	5.6	5.1	5.1
東京都	0.5	0.5	0.4	0.2	0.2	3.3	3.6	3.7	4.5	5.1
横浜市	0.5	0.4	0.3	0.2	0.2	2.3	3.9	4.1	3.9	4.5
名古屋市	0.9	1.0	0.8	0.5	0.5	3.4	4.2	2.3	3.0	5.1
京都市	3.2	2.9	1.9	1.7	1.6	14.1	24.6	17.1	16.0	17.2
大阪市	5.2	4.0	3.9	3.6	2.8	9.7	10.1	10.0	10.1	14.1
神戸市	1.3	2.5	2.9	2.6	1.3	9.2	10.9	9.5	10.6	12.0
広島市	0.1	0.5	0.4	0.2	0.2	0.5	0.7	1.2	2.0	2.8
福岡市	0.0	0.0	0.1	0.1	0.0	0.0	0.1	0.2	0.1	0.4

（資料）札幌市、仙台市、東京都、横浜市、名古屋市、京都市、大阪市、神戸市、広島市、福岡市の各中央卸売市場年報より作成。

た。一方で、和歌山県の果実は、これまで見てきた野菜の動向とは正反対の様相を呈し、近畿圏はもとより遠方の産地市場でも順調にシェアを伸ばし、全国の中央卸売市場で躍進を遂げてきたことがわかる。

参考までに、中央拠点市場における和歌山県の野菜・果実の入荷量比率について、1970 年と 2010 年を比較して地図上に描出した（図 4 - 3 および図 4 -

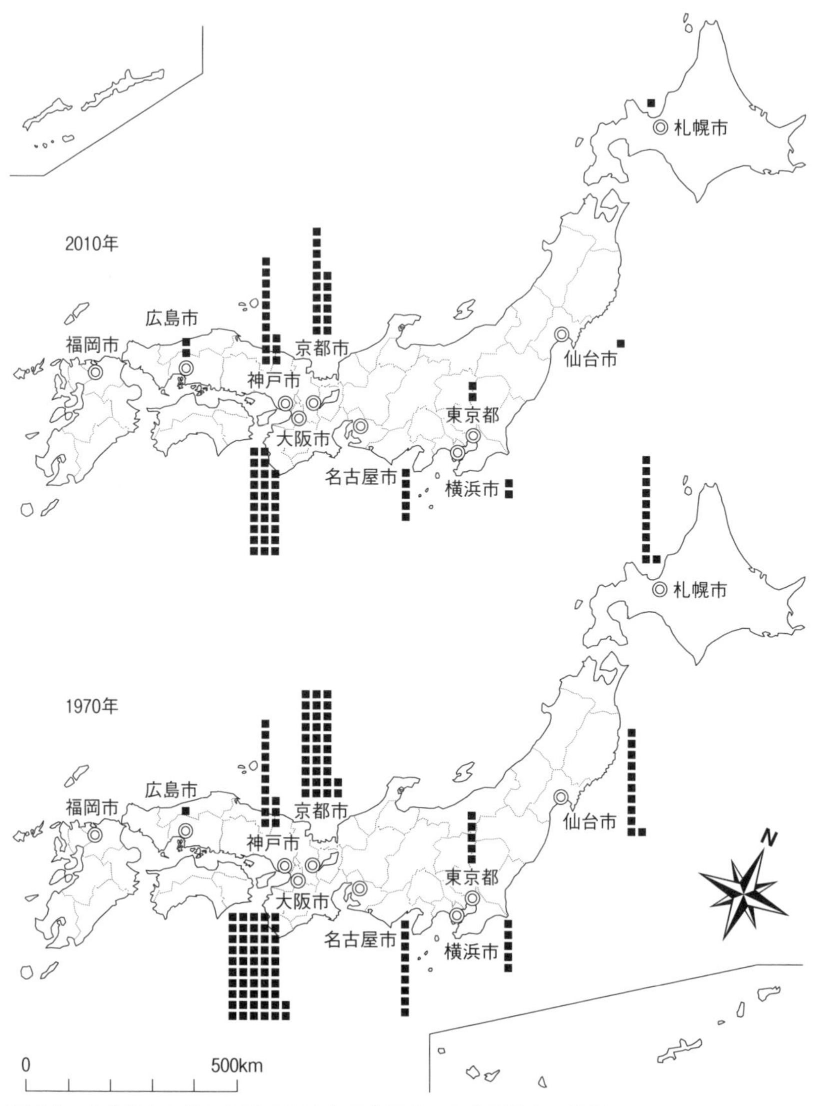

図 4-3　中央拠点市場における和歌山県産野菜の入荷量比率の推移

（資料）札幌市、仙台市、東京都、横浜市、名古屋市、京都市、大阪市、神戸市、広島市、福岡市の各中央卸売市場年報より作成。

（注）■は1つで0.1%。

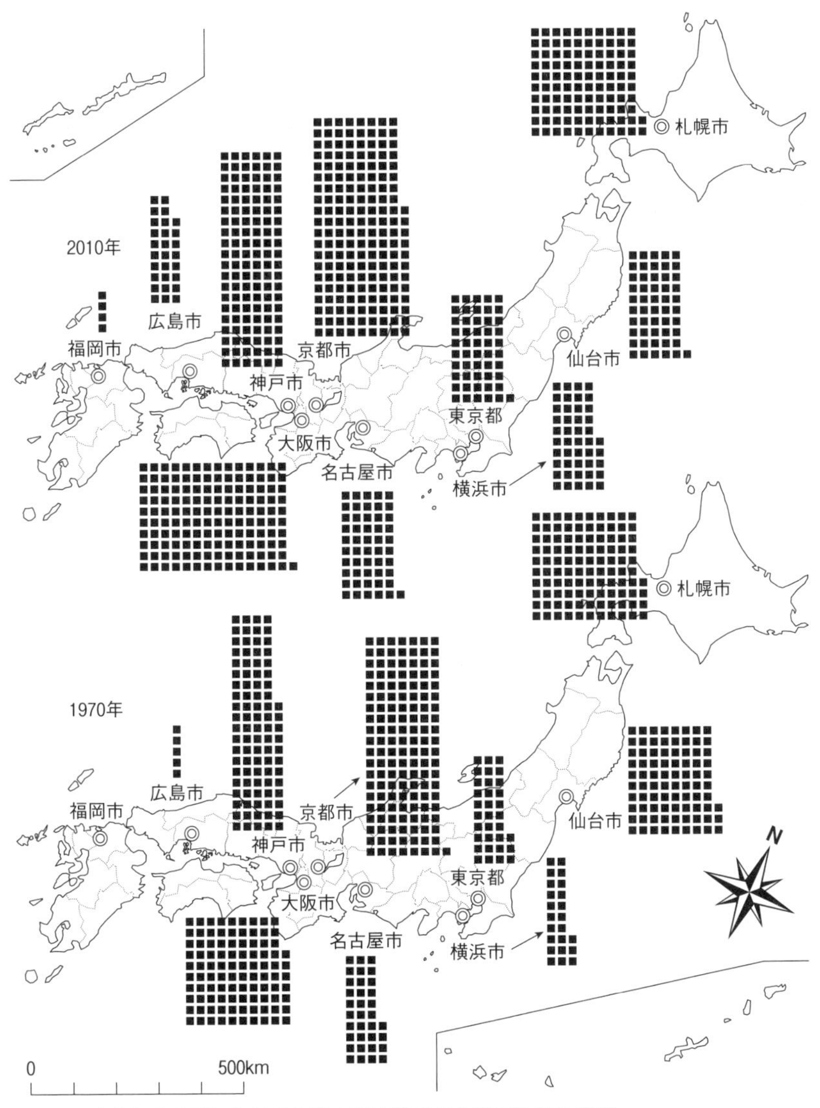

図 4-4　中央拠点市場における和歌山県産果実の入荷量比率の推移

（資料）札幌市、仙台市、東京都、横浜市、名古屋市、京都市、大阪市、神戸市、広島市、福岡市の各中央卸売市場年報より作成。

（注）■は１つで 0.1％。

4)。2つの図を見比べてみると、果実の全国広域流通が一段と進んだ一方で、野菜の狭域流通が進んだことが一目してわかる。近畿圏内の中央卸売市場でもシェアを低下させたが、とりわけ、札幌市、仙台市、東京都、横浜市のような遠方の中央卸売市場でのシェアの低下が著しい。これまで繰り広げられてきた全国的な産地間競争の結果、和歌山県の野菜は時代の経過につれて、全国の主要な卸売市場流通のチャネルに入らなくなり、出荷圏が狭域化するようになったことは想像に難くない。それと対照的に、和歌山県の果実は、輸入果実が席巻するなかも全国広域流通をより一層展開し、順調にシェアを伸ばしてきた中央卸売市場が少なくないのである。

全国的な動向として把握される大規模で拠点的な中央卸売市場への流通量の集中、卸売市場経由率の低迷、卸売市場外流通の増進という従前の議論を踏襲すると、全国広域流通の進化によって、遠方の大産地から大量の農産物が和歌山県に流入するようになった反面、産地・消費地に限らず、和歌山県の野菜は、主要な中央卸売市場への流通が激減し、出荷先の狭域化が進んだといえる。すなわち、和歌山県では遠方の大産地から野菜の入荷比率が増加した状況に対し、遠方の産地市場及び消費地市場に対する和歌山県産野菜のシェアは大きく低下した。以上のことから、和歌山県産野菜は、有力な大産地の供給量に押し出されるようにして、狭域流通や直接販売を含めた卸売市場外流通に移行するようになったことが明らかである。

(3) 和歌山県における農産物直売所の展開

和歌山県の農産物直売所の数は1980年代後半から増加し始め、1995年から15年間で1.5倍以上の増加率を記録した[6)]。1995年と2002年の2時点における和歌山県の直売所に関する調査では、以下4点の動向が明らかにされた(辻ほか2004)。第1に、県北部にJAが運営する直売所、県中南部に市町村が支援する直売所が多く立地し、第2に、特にJAの直売所が全般的に増加した。第3に、市町村や公社が支援する直売所が増加し、最後に、無人販売が減少したことが挙げられる。2点目に関連して、そのなかでも大規模直売所の増加が指摘されており、こうした直売所では、多数の会員登録や仕入品

表4-6　近畿地方における農産物直売所の運営主体別組織数

府県	地方公共団体	JA	第3セクター	その他	合計	%	人口／組織数
滋賀県	2	33	6	78	119	9.0	11,857
京都府	0	24	7	274	305	23.1	8,643
大阪府	3	46	1	192	242	18.3	36,632
兵庫県	8	77	24	282	391	29.6	14,292
奈良県	5	21	6	77	109	8.3	12,853
和歌山県	2	30	6	116	154	11.7	6,506
合計	20	231	50	1,019	1,320	100.0	15,836

（資料）2010年農林業センサス、平成22年国勢調査より作成。

の充実によって安定した品揃えが図られてきたとされる。

ここで、近畿地方の各府県との比較を試みると、組織数は兵庫県が最多となった。果実を中心に近畿地方に農産物を供給する農業県であることからわかるように、1組織当たりの人口を算出すると、和歌山県は近畿地方で最少の6506人となり、大阪府の3万6632人を大きく引き離した（表4－6）。要するに、近畿地方の各府県との比較によると、和歌山県を「直接販売が活発な地域」と言い表すことができる[7)]。

また、1980年と2013年の卸売市場と直売所の分布を比較すると、和歌山県の直売所は、卸売市場の減少に対して増加した構図が描写された（図4－5）。すなわち、1980年においては中央卸売市場が1箇所、地方卸売市場が17箇所、規模未満市場が4箇所ほど設置されていたが、2013年までに中央卸売市場が1箇所、地方卸売市場が9箇所となり、また規模未満市場は姿を消した。その一方で、2013年までに和歌山県内の85箇所に直売所が開設され、特に大阪府に隣接する紀の川流域の自治体に集積して立地した。JA紀の里の営業エリアでは、粉河町の規模未満市場が2013年までに廃止され、隣接する自治体では、海南市とかつらぎ町の地方卸売市場も同様に失われた。1980年時点の組織数は明確ではないが、当時において組織的かつ常設型の直売所がほとんど存在しなかったことは明らかである。

以上の通り、和歌山県の直売所の展開過程を俯瞰すると、低迷する地方卸売市場流通と規模未満市場の補完機能を果たすことで開設数を増やすとともに、規模を拡大させてきた様相がわかる。

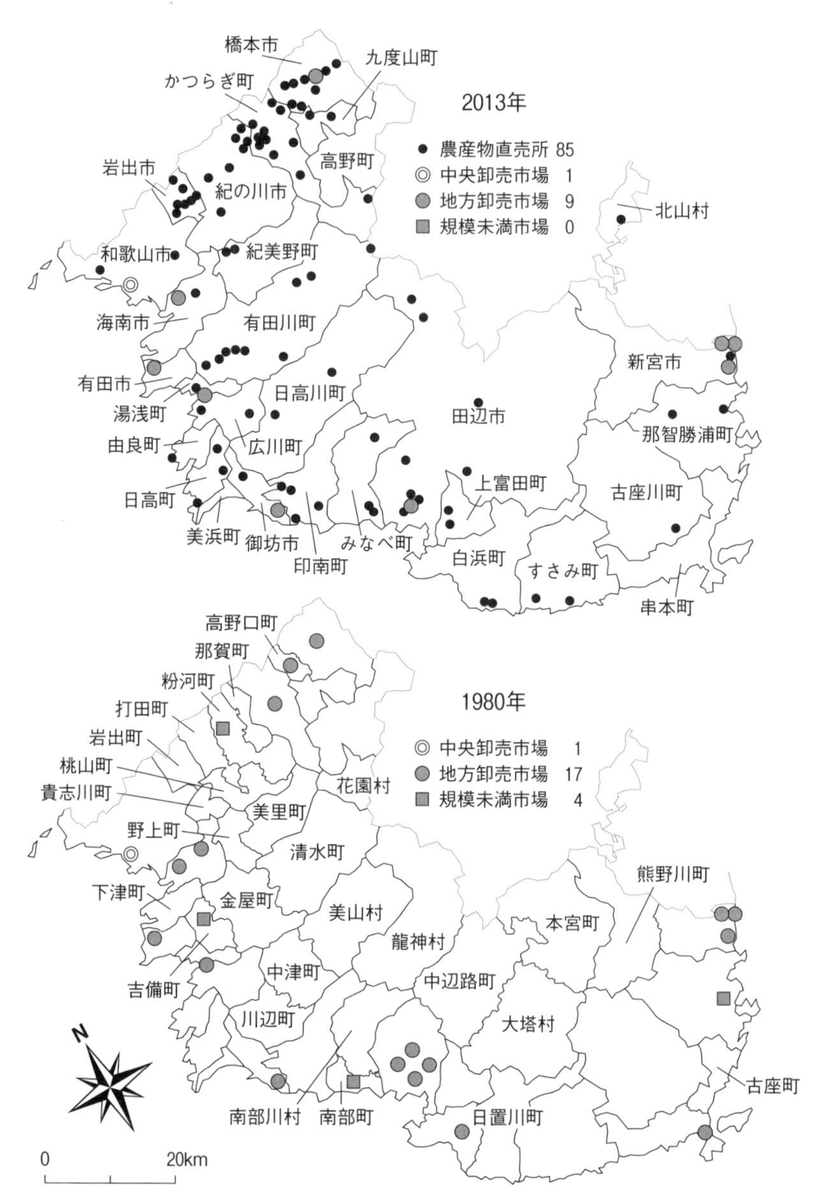

図 4-5 和歌山県における卸売市場と農産物直売所の開設数の推移

（資料）和歌山県果樹園芸課 HP、食品流通課「和歌山県内中央・地方卸売市場リスト」（2013 年）、沢田進一編（1981）「和歌山県における青果物流通・市場の基礎構造」『農政経済研究』13。

（注 1）1980 年の町村名はその後の市町村合併によって姿を消した自治体、2013 年の市町村名は現存する自治体。

（注 2）地方卸売市場及び規模未満市場は、青果物を取り扱う市場のみを記載。

3　和歌山県紀の川市の「ファーマーズマーケット めっけもん広場」の概要と消費者評価

（1）「めっけもん広場」の概要

「めっけもん広場」は、和歌山県の紀の川市と岩出市を営業エリアとするJA紀の里[8)]によって、2000年11月に打田町（現・紀の川市）に開設された。紀の川市と岩出市を合わせた地域は、奈良県から和歌山県北部を東西に流れて紀伊水道に注ぐ紀の川の流域に位置し、旧那賀郡と称される。両市は平成の大合併で誕生した自治体で、紀の川市は打田町、粉河町、那賀町、桃山町、貴志川町の5町が合併して2005年11月に誕生し、岩出市は岩出町が市制を施行して2006年4月に発足した。人口は、紀の川市が約6.6万人、岩出市が約5.3万人である（2010年国勢調査）。

この地域は、紀の川流域の位置から推測できるように、県内の他地域と比較して水田が占める割合が高い[9)]。北部が大阪府の泉南地域、西部が和歌山市にそれぞれ隣接していることから、都市近郊農業地帯として兼業化が進行し、第二種兼業農家が最も多く、全販売農家の約45％を占めている。また、巨大消費地に隣接する地理的性格が影響して、古くから朝市や観光農園のような農産物の直接販売が盛んに行われてきた経緯がある。和歌山県果樹園芸課の調べでは、大小合わせると150件を超える直売所が立地し、自宅の軒先や農園の路肩など個人開設の直売所も数多く存在する。

「めっけもん広場」は、JA紀の里販売部内に設けられた直売課の販売事業に位置づけられ、開設以来10年あまりの間に、JAが運営する全国の直売所の中で最高額となる約26億2200万円（2011年度）の年間販売額を計上した[10)]。出荷資格は、JA紀の里の営業エリアである紀の川市と岩出市の住民に限られ、住民は出荷会員登録をすることでその権利を得る。入会金や年会費・月会費等はなく、20％以下の販売手数料のみで出荷することが可能である。登録会員は約1600人で、その過半数は60代を超えている[11)]。

組織運営の特徴として、地場産の農産物や加工品に加えて全国の提携先からの仕入品も取り扱うことで、安定的な供給量を確保してきた。卸売市場流通と比較して出荷規定は緩やかで、商品規格や価格形成の柔軟性の高さは、会員の有益のみを追求するものではない。JA 紀の里による上限・下限の商品価格の縛りこそあるが、会員は自由に価格設定できるため、一見して同等の商品であっても、商品構成や価格、サイズなどは千差万別で、消費者が自分に合った商品を探し当てる感覚で品定めできる魅力を引き出している。

（2） POS システムによる販売管理と販売実績

出荷と販売に大きく寄与する仕組みとして、独自の POS システムが挙げられる。商品名や価格、数量、日時などの販売実績情報を収集するシステムで、組織運営と会員の生産・出荷の両面を支えてきた。出荷に際しては、会員自身が、生産者名や品目を登録したバーコードシールに値付けして農産物に貼り付け、開店前にその商品を店頭の任意の場所に陳列することで出荷が完了する。商品が売れる度に、レジから店頭の管理サーバーに情報が蓄積されていき、電話の自動音声システムや携帯電話のメールなどの機能を通じて、会員は自身の販売状況をリアルタイムで把握できる。各々の会員は、自宅や農地にいながら定期的に販売状況を確認できるので、営業時間帯の追加出荷も可能となる。こうして、品切れによる販売損失の防止に有効に機能し、生産意欲の向上にもつながっている。

このシステムは、会員と運営者双方の利便性を飛躍的に向上させた。かつては、閉店後に主に従業員との電話でのやり取りを通じて残品確認が行われていたが、システム導入後は会員自身が販売状況を確認するようになった。従業員の作業時間と諸経費の節約、会員の労働時間の短縮、生産及び流通の効率性の向上に寄与した。農産物の生産・出荷に関する情報収集など、従来の流通システムでは得られなかった「利益の見える化」と合わせて、農業に携わる喜びや意欲を高めることにもつなげた者が少なくない。

ただし、「めっけもん広場」への出荷は長所ばかりではない。JA 紀の里の業務は会員に農産物を販売する場を提供することに限られ、各自が閉店後に自己の責務のもとで残品回収を行う義務がある。従来型の出荷形態と比べて、

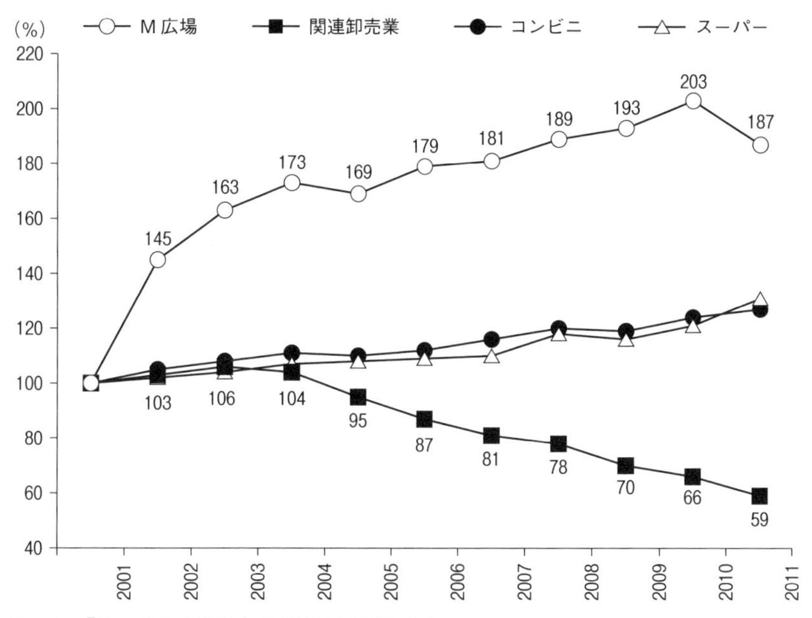

図4-6 「めっけもん広場」の年間販売額の伸長

（資料）経済産業省「商業動態統計調査」、ＪＡ紀の里販売部提供資料より作成。

（注１）2001年度を基準に年間販売額の伸び率を算定。

（注２）関連卸売業は農畜産物及び水産物の合計。

（注３）コンビニはサービスを除き、スーパーは飲食料品を除いて算定。

会員が独立自営すべきことは多くなりがちとされる。残品回収だけでなく、営業中に携帯電話で情報を確認し、早い段階で品切れが発生しそうになると、複数回の追加出荷を迫られることもあるという。自ら考えて生産する主体性があることと、事と次第によっては、出荷のために慌ただしく立ち回る行動力が必要となる[12)]。会員同士や会員－運営者間の活発なコミュニケーションや相互学習、ネットワーク形成が欠かせないことはいうまでもない。

こうした新システムに基礎づけられた販売実績は、いかに評価できるであろうか。日本の民間消費は10年以上にわたって低迷し、雇用環境の悪化による節約志向に伴う買い控えなどによって、大型小売店の全体販売額は減少傾向にある。コンビニエンスストアとスーパーマーケットの販売額の全国合計額を2001年度から2011年度まで概括すると、それらの販売額は約30%

の伸長にとどまった。農畜産物・水産物の関連卸売業の販売額は、この30年間では1990年度をピークに減少し続け、2011年度はピーク時の約39%の販売額となった。同様に、この販売額の10年間の推移については、約59%の販売額まで低下した。これに対して、開設から10年間の「めっけもん広場」の販売実績は、大型小売店等の販売額をさらに上回る上昇基調にあったのである[13)]（図4-6）

このような高い販売実績の背景には、年間80万人を超える来店者数の多さに加えて、その高い購買意欲をうかがえる[14)]。他に類を見ない運営行動の特徴は、従来の販売量を継続的に支えるための品揃えの強化策として、全国のJAと販売業務提携を結び、JA間で農産物の交換を行ってきた点である。つまり、「めっけもん広場」では、他地域からの仕入品[15)]を数多く店頭販売してきた。2001年の開設当初の提携先は、全国の8組合だけであったが、その後は提携先を徐々に増やし、2012年6月現在の提携先は20府県の31組合に及んだ[16)]。農産物の多品目生産が盛んな地域特性に加えて、JA間で取り結ばれた頑健な取引ネットワークを活かすことで、地域で生産されていない農産物を主に取り扱う。こうして主に端境期の商品不足を補うことで、スーパーマーケットに見劣りしない品揃えを通年で確保できるようになった。

（3） 消費者の居住地と選好

前項で概観した販売実績を支える組織の特徴や運営行動に対して、消費者の購買行動はいかなるものであろうか。そこで、独自のアンケート調査[17)]に基づいて消費者の実態を明らかにする。

まず、年代別では、男女とも60代の消費者が最多で、次いで30代から50代までの消費者が一定数存在した。利用頻度は、月に1回以上訪れる消費者が約71%に上り、リピーターが多かった。消費者の居住地は、JA紀の里の営業エリアである紀の川市と岩出市は約15%で、残る約85%は地域外の消費者であった。最多は大阪泉南の約20%、次いで和歌山市の約17%であった（図4-7）。続いて、大阪泉北は、JA紀の里の営業エリアとほぼ同率の約15%を占め、大阪府の消費者が過半数に達した。和歌山県と大阪府以外の消

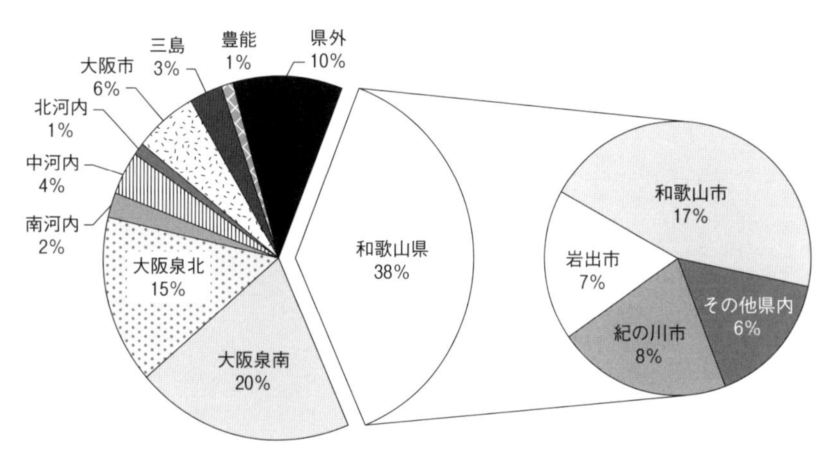

図 4-7 「めっけもん広場」における消費者の居住地

（資料）アンケート調査より作成。

（注 1）大阪泉南は、岸和田市、貝塚市、熊取町、泉佐野市、田尻町、泉南市、阪南市、岬町の総称。

（注 2）大阪泉北は、堺市、高石市、和泉市、泉大津市、忠岡町の総称。

費者も 10%程度存在し、その内訳は兵庫県、奈良県、京都府、三重県であった。つまり、「めっけもん広場」は、商品の供給面では JA 紀の里の営業エリアの農業生産に全面的に依存するが、商品の需要面では大阪府など関西広域圏に居住する多数のリピーターに選好されていたことが判明した。

消費者選好では、「商品が新鮮だから」が 29.8%を占めて最多となった。「地場産品があるから」の回答が 23.0%で 2 位に入り、以降は「商品が安いから」が 13.9%、「品数が多いから」が 12.7%、「安全安心な商品があるから」が 11.1%の順となった（表 4 - 7）。「品数が多いから」の項目について、居住地別の特徴を検討すると、営業エリアの消費者の回答は 5.3%にとどまり、地域住民の評価は低かった。一方、営業エリアと和歌山市を除くその他県内からの消費者の回答は、27.6%に上った。地域住民と遠方の消費者の評価の相違が際立った結果となったが、県外の消費者もこれらの項目を重視する傾向があったため、県境を跨いで遠方まで買い物に出かける以上は、できるだけ多くの商品を品定めしたいという意向があるようであった。ただし、このことは、運営の前提として一定数の地場産品を取り扱う必要のある直売所や道の駅にとっては、販売額の拡大とともに陥るジレンマにもなる。

表 4-7 「めっけもん広場」における居住地域別の消費者選好

質問項目		和歌山県			県外		
		JA エリア	和歌山市	その他	大阪泉北	大阪泉南	その他
自宅から近いから	3.4	13.2	1.2	—	—	2.9	2.3
生産者や従業員と話せるから	0.8	1.3	1.2	—	—	1.0	0.8
安全安心な商品があるから	11.1	11.8	11.9	10.3	14.9	8.8	9.9
品数が多いから	12.7	5.3	9.5	27.6	16.2	16.7	10.7
全国の商品があるから	0.2	—	—	—	—	—	0.8
地場産品があるから	23.0	21.1	20.2	17.2	25.7	22.5	26.0
商品が新鮮だから	29.8	31.6	29.8	24.1	29.7	28.4	31.3
一度にたくさん買えるから	4.0	2.6	7.1	6.9	—	4.9	3.8
商品が安いから	13.9	13.2	19.0	13.8	10.8	13.7	13.0
駐車場が広いから	1.0	—	—	—	2.7	1.0	1.5
合計	100.0	100.0	100.0	100.0	100.0	100.0	100.0

（資料）アンケート調査より作成。

注目すべき点は、「全国の商品があるから」の項目を選択した消費者がほとんどいなかったことである。反面、「地場産品があるから」の項目を選んだ消費者がきわめて多く、この項目は県内の消費者よりも県外の消費者に幾分選好される傾向があった。つまり、大阪府の主たる消費者が、鮮度はもとより、地場産品の価値を高く評価したことが明らかとなった。生産エリアを大きく越える都市の需要、消費者の広域性を前提として、そのような消費者を魅了する主要な要素としての地場産品という直売所ブランドの価値が浮き彫りとなった[18)]。

4 小 括

本章は、和歌山県紀の川市に立地する「めっけもん広場」の事例から、地域を取り巻く直接販売の伸長要因を、卸売市場流通に関する都道府県レベルの統計資料に基づいて明らかにした。

日本では、量販店の台頭に伴う先取りや相対取引の伸長、産地出荷団体による系統出荷体制の強化、価格高騰による卸売市場流通への疑念などによって、戦前からの中央卸売市場法が廃止されて卸売市場法が制定された。その後は国際的動向等に導かれた流通変容の帰趨として、卸売市場外流通が興隆している構図である。直接販売と卸売市場流通は、出荷会員に立脚すると負の相関関係があり、卸売市場経由率が1970年代から現在にかけて経年的に低下し、近年は著しい変容過程にある。とりわけ、全国広域流通が進化して他県産品が流入する一方、巨大な消費量を背景とする卸売市場流通チャネルで流通しえない地場産品が増加し、それらが集約された結果として直接販売が興隆してきた一端を見て取れた。

和歌山市中央卸売市場の農産物流通に関しては、1974年から2010年にかけての野菜は、和歌山県産シェアが３分の１以下に落ち込んだ反面、特に北海道や九州・沖縄産の入荷比率が高まった。他方の果実のシェアは、堅調に推移してきたが、輸入比率が伸長した。和歌山県の産出額や出荷量は同等には低下しておらず、和歌山県産野菜はむしろ狭域流通が進む傾向にあった。これらの動向から、産地間競争の結果として、従来の流通チャネルで流通しえない一部の地場産品が経年的に増加する傾向を把握した。こうした流れが和歌山県内に全国有数の直売所を生む基盤を築き、地方卸売市場の減少と相俟って直接販売の数量を増やしたと考えられる。

グローバル化や制度改革などの趨勢たる農産物流通構造の巨視的変動を発端とする一方で、生産者が役割を創造しようとする諸力に任せて、会員各自が多様な需要に応えるために意欲を燃やし、新奇な営みを展開してきたがゆえに、この地域の直接販売がさらなる発展を遂げたと推察される。

第5章

直接販売における経営行動の諸相と主体形成

―JA、第三セクター、生産者団体の事業展開―

1　本章の課題

本章の課題は、「JA」、「第三セクター」、「生産者又は生産者グループ」の各組織が運営する直売所を取り上げ、全般的な事業内容、運営者の経営行動、出荷会員の農業経営と出荷計画など、直接販売にかかる営農活動の諸相を比較検討することである。

都市農山漁村交流活性化機構によると、農産物直売所とは、地域で生産された農産物をその地域で消費する地産地消の拠点施設として位置づけられる（都市農山漁村交流活性化機構 2007）。農林水産省によると、運営主体として「JA」、「第三セクター」、「生産者又は生産者グループ」が主に挙げられる（農林水産省 2012）。この調査によると、「生産者又は生産者グループ」が運営する直売所が最多を占め、全体の63.5%に当たる1万686店が全国展開している。売場面積が100 m^2 を下回る直売所が全体の半数に上り（都市農山漁村交流活性化機構 2007）、運営主体別に見た常設施設利用の1店舗当たりの売場面積は、「JA」の272 m^2、「第三セクター」の180 m^2 に対して、「生産者又は生産者グループ」は94 m^2 にすぎない（農林水産省 2012、3頁）。1店舗当たりの年間販売額については、「JA」は1億4800万円、「第三セクター」は1億1500万円であるが、「生産者又は生産者グループ」はわずか2300万円で零細性が際立っている。したがって、直接販売は、その運営主体によって事業の規模や内容に大きな相違があるといえる。

農業経営に関しては、販売管理機能がJAに委託される場合、メリットとして市場マネジメントにおける規模の経済が挙げられる一方、情報の硬直化や企業的なインセンティブの喪失などのデメリットがある（浅見1995）。これに対し、生産者から消費者への直接販売は、販売管理機能の完全な非委託となるため、その成行きは各々の出荷会員の活動と力量にかかる。こうした環境下で、既往研究によると、直売所の開設効果として、会員の営農意欲の向上や、やりがいの達成などが見られることが明らかにされた。例えば、既存の生産者の主要な販路、またはその一部として活用されるとともに、新規就農者や自給的な生産者が、積極的に販売する契機になるという指摘（小柴2004）や、農家同士の結びつきを強めて営農意欲を向上させる要因になるという知見（飯田ほか2004）がある。加えて、直接販売が会員に与える影響に関する分析では、第1に規格外品や生産量の少ない農産物を出荷できることによる「経済的な影響」、第2に交友関係の拡がりによる「人間関係の変化」、第3に消費者との交流や目に見える形で成果が現れることによる「農業経営の変化」が挙げられる（服部ほか2000）。直接販売に関する農業経営の最たる意義は、その経済的な効果よりも、地域における人間関係の強化や農業のやりがいの創出、会員や住民の能動性の向上という点に見出される。

直売所は生産者と消費者双方に利点があるが、生産者にとっては、JA共同販売に馴染まないような、多様な農畜産物等の出荷先を確保できる点で重要である。とりわけ、従来は主要な農業の担い手と見なされなかった女性や高齢者に対して、活躍の場が提供されるようになった点が評価される（野見山2005）。直売所のシステムは、JA共同販売と対極的な位置にあり、「個」の尊重が謳われ、会員に等しく出荷の権利が与えられる。こうして人々が直売所に集い、日々の働きがい、生きがい、生活の潤いが生まれることも指摘されている（野見山2001）。専業農家に対しては、農産物の生産に対する姿勢に積極的な影響を与えるとされる（益崎・山路2010）。これらの知見から、地域経済の振興のための社会関係資本の強化と主体形成に向けて、直接販売が地域社会の肝要なツールになると考えられる。

上記の研究課題に取り組むために、JA の直売所として山口県下松市の「菜さい来んさい！下松店」(以下、下松店)、第三セクターの直売所として愛媛県内子町の「道の駅内子フレッシュパークからり」(以下、からり)、生産者又は生産者グループの直売所として佐賀県小城市の「小城町農産物直売所 ほたるの郷」(以下、ほたるの郷) を選定した。運営主体別にいくつかの代表性の高い直売所を概観したうえで、高い知名度をもつこと、先行研究の蓄積があること、独自的な活動が行われていることから3事例を分析した。

まず、工業集積が著しい山口県周南地域は、1964 年指定の工業整備特別地域[1)]における瀬戸内工業地域の一角を形成し、工業都市の典型に位置づけられる。対象とした「下松店」は、周南地域を営業エリアとする JA 周南が運営し、ほぼ全域から出荷が行われている。

次に、愛媛県内子町は、中山間地域の一端を担っているため、農山村の典型に位置づけられる。対象とした「からり」は、内子町を中心とする第三セクターが運営する直売所として広く知られており、町の中心部に立地する都市農村交流施設として機能している。意欲的な地元生産者が持続的な出荷を担い、内子町観光を兼ねて県内外から利用者が訪れている。農産物の生産・加工、観光振興の拠点施設でもあり、農山村の振興に向けた6次産業化や農商工連携の知見を得るうえでも特に重要な事例である。

最後に、佐賀県小城市は、平地農業地域の一角で福岡都市圏に近いため、近郊農業における直接販売の典型に位置づけられる。対象とした「ほたるの郷」は、小城市の生産者団体が運営する活気ある直売所として周知され、狭小な売場面積の短所を覆す様々な独自事業によって、高収益を確保しつつ、生産者の育成や地域づくりにも寄与している。都市近郊における直接販売の可能性を検討するうえでも適例である。

2　山口県下松市の「菜さい来んさい！下松店」における生産者育成と直接販売の発展

（1）下松市の現段階と「下松店」開設の経緯

山口県の中東部に位置する周南市、下松市、光市は、「周南地域」と総称される。地域人口は山口県の6分の1、面積は山口県の7分の1を占めている。周南市が約14.9万人、下松市が約5.5万人、光市が約5.3万人で、計約25.7万人に上っている（2010年国勢調査）。

周南地域では、20世紀前半に大手の化学メーカー、東ソーとトクヤマが相次いで創業し、さらに現在の日立製作所が造船所を設けるなど沿岸地域の工業整備が進み、早くから重化学工業が栄えた。また同時期、日新製鋼の前身である徳山鐵板の設立や東洋鋼鈑の操業開始も重なり、戦後に入ると、現在の新日鐵住金や武田薬品工業、出光興産、日本ゼオンなどの大企業が進出し、瀬戸内工業地域の一角を形成した。その後、日本有数の石油化学コンビナートとしてさらなる発展を遂げ、沿岸地域に人口が集中している。

一方、農地が広がる内陸部の中山間地域は過疎化と高齢化が進行し、地域人口に占める農業就業人口の割合は、いずれも山口県平均と全国平均を下回っている[2)]。このような状況下で、JA周南が運営する直売所は8店舗に及んでいる。「下松店」は、下松市の中心部に位置し、市街化区域に残存的に出現する都市農業の一端を担う都市型の直売所である。その前身である「下松フレッシュ100円市」（以下、100円市）は農産物や加工食品、花卉などを100円均一で販売する店であったが、店舗設備の大幅な拡充に伴って店舗名称を「下松店」に変更し、2010年4月にリニューアルオープンした[3)]。

「下松店」の2010年度の年間販売額を概観すると、農産物の現物のみならず、加工食品や農機具などの販売額が約1億円を占める複合施設である。「100円市」が開設された1995年から換算すると、2011年の開設初年度に歴代最高となる約3億3400万円の年間販売額を計上し、店舗運営は好調に推移した。出荷会員は周南地域の全域から募られ、登録会員数は約1500人に

表5-1 「下松店」の概要

開設年月	1995年11月 (2010年4月)	販売手数料	15%
運営主体	農業協同組合	売場面積	1,600m^2
組織名	JA周南	駐車場台数	150台
年間販売額	3億3,400万円	年間利用者数	47万人
登録会員数	1,551人	地場産品割合	84.4%

（資料）JA周南企画課及び経済課提供資料（2010年度、2011年度）より作成。
（注）年間販売額及び地場産品割合は2011年度、その他の項目は2010年度の値。

上る。このほか、店舗面積は約1600 m^2、駐車場台数は約150台、1日当たりの利用者数は約1100人、年間利用者数は約47万人である（表5-1）。なお、販売手数料は15%である。

この地域で生産される農産物等を販売するだけでは食料品の販売店として限界があるため、品揃えの充実に向けて県外を含む他地域からの仕入品も取り扱い、地場産品の割合は84.4%（2011年度）である。年間販売額の3分の1は、農産物の現物を除いた加工食品や雑貨などの商品構成となっている。内部資料の「売れ筋商品上位20品目」によると、農産物の現物の占める割合は約半数で、売れ筋の上位に挙がる商品の中には加工食品も見られる[4)]。

「100円市」は、わずか36人の登録会員数で1995年にスタートし、生産者が消費者に農産物を直接販売する点で、現在の直売所と同様の性格の施設であった。農産物版の100円ショップという販売形態をとり、100円販売用に小さく切り分けて販売することで、地元消費者のニーズに適合した。自宅のFAXや携帯電話のメール機能などの活用によって、会員が出荷日の販売状況を自宅や農地などの遠隔地で適宜確認できるようになったのは、商品名、価格、数量、日時などの販売実績情報を収集するPOSシステムが導入された2003年のことであった[5)]。

「100円市」の年間販売額は、開設初年度からリニューアルの直前まで、一貫して右肩上がりの上昇基調にあった。ただし、その元々の売り場はJA周南の倉庫を簡易的に整備しただけであったため、照明設備が不十分で店内が薄暗かった。しかも、夏は蒸し暑くて冬は底冷えするような劣悪な店内環境を課題として抱え、利用者からのクレームが増えていた。こうして、品質の維持、品揃えの充実、駐車場不足など、長年の課題に対する改善案が運営サイドから出された。その後、「生産者と消費者の交流の場所」を基本理念に据えて店舗の増改築が決まり、JA 周南の組合員や会員らが中心となって、新店舗の開設、新システムの整備が進められた。農産物等の販売だけでなく、農業に関連する購買施設、金融と旅行の相談窓口が設けられ、「生活の拠点」をコンセプトにした店舗リニューアルが実施された。

「100 円市」から「下松店」へのリニューアルに伴う変更点は、以下 5 点である。第 1 に、JA 周南が運営する 8 つの直売所のバーコードシステムは、「100 円市」の際は店舗ごとに設定され、一店舗に登録された会員が他店に出荷する場合には、出荷のための手続きを経る必要があった。しかし、リニューアルを契機に、8 つの直売所のバーコードシステムが統合され、会員は、「JA 周南の直売所の会員」となり、全ての店舗に出荷できるようになった。第 2 に、農産物と加工品の販売手数料が異なっていたが、リニューアル後は 15%に統一された。第 3 に、100 円という固定価格が撤廃されたことで、以前は出荷困難だった農産物や加工食品を出荷できるようになり、商品の価格設定が自由化された[6]。これによって、農産物を切り分けて陳列する従業員の労働時間や、関連する経費の節約を促した。第 4 に、新しい栽培記録表が導入されたことで、生産履歴の様式が変わり、食品に関する安全管理が強化された。最後に、3 年ごとに店舗を改装していく計画が組み込まれ、真新しい店内で新鮮な地場産品を継続的に販売できる組織が地域に生まれた。消費者の購買意欲を喚起する店舗運営の促進、「100 円市」にはなかった新機能の付加によって、農産物の販売だけでなく住民同士が交流できる施設、地域外の消費者と交流できる施設としてますます機能するようになった[7]。

（2） 安全安心な農産物出荷と生産者育成

販売管理の面では、農産物の安全性への配慮から、従来以上に農薬の使用状況や残留農薬に注意が払われるシステムが導入された。「下松店」の出荷会員には、農産物を収穫して店頭に陳列するまでの間に、記帳、提出、確認、バーコード発行、販売の5工程を経ることが義務付けられている。つまり、「下松店」に出荷する会員は、作付品目に農薬を使用した場合、その旨を記帳し、事前に栽培記録表を提出してJA周南の職員によるチェックを受ける必要がある。栽培記録表の提出から5日目以降に、記載内容に誤記がなければバーコードシールが発行され、ようやく農産物を出荷できるようになる。

しかも、会員には、生産履歴の提出も義務付けられる。適用外農薬の使用や使用時期、回数、倍率等の不適格な使用が判明した際には、直ちに出荷が停止される。加えて、第三者機関による残留農薬検査が実施され、残留農薬が基準値を超えた会員は、改善が認められるまで出荷停止の措置を受ける。生産履歴については、会員の提出後にJA周南の営農指導員が確認するだけでなく、人的なチェックミスをなくす試みとして、新しい栽培記録表も導入されている。人と機械の二重チェックシステムによって、農薬に対する安全管理が徹底され、住民に対して安全な農産物が提供されている。

しかし、課題もある。毎月60種類を超える農産物が販売されているが、会員の高齢化、品揃え不足が重要課題に挙げられ、将来の出荷量の見通しは決して明るくない。こうした地域農業の課題を克服するために、65歳以下の新規就農者の育成に乗り出したJA周南は、有料の農業入門講座「アグリライフ・リフレッシュ講座」を2002年に創設した。当該講座には、「直売所販売コース」、「北部特産コース」、「花卉コース」の3コース（2012年度）が設けられ、通年で月1回の頻度で開講されている。年間スケジュールについては、4月に講座がスタートすると、受講者は、まず農業に関する基礎知識を習得する座学から始めて、圃場作り、植え付け、整枝、剪定、収穫までを一通り体験し、農業に実践的に取り組むことで、農業の基礎を体得することを目指す。肥料や農薬の使用に関する学修に加えて、栽培のコツなどを教える座学講習も充実している。また、受講者は、生産から販売までの農産物流通の一連の流れを学ぶために、直売所のような販売店で販売活動に参画することが求められる。講座には、周南地域の内外から多くの受講者が集い、2011年までに229人が受講を修了した。修了者の半数は、JA周南の生産部会等に加入して周南地域における農産物の生産・販売に努めるとともに、何よりも「下松店」の会員として意欲的に出荷しているようである。

（3） 出荷会員の特徴と農業経営

「下松店」の出荷会員の概要を把握し、地域社会への影響を考察する目的で、農家形態、農業専従者、作付品目、作付面積、取り組み内容などに関する聞き取り調査を実施した（表5-2）。会員構成は、10世帯のうち8世帯（会員①②③④⑤⑦⑧⑩）は家主の定年退職後に農業に専業するようになった会員で、その8世帯のうち3世帯（会員②④⑤）は定年退職後に農業を始めた新規就農者、一方の4世帯（会員①③⑧⑩）は、第一種兼業農家から転身した会員、残る1世帯（会員⑦）は第二種兼業農家から転身した会員であった。すなわち、企業や団体等の定年退職を契機に、本格的に農業に取り組むようになった会員が見られ、「下松店」では特に野菜生産に注力していた。他方、会員②⑩のように自給的経営規模の会員や、定年退職後の余暇活動あるいは趣味の一環で出荷している会員も見られた。いずれにしても、農業による金銭収入の獲得がその主要な目標に据えられた。

出荷年度については、「100円市」が開設された1995年から一貫して出荷を続ける会員も存在するが、会員の経歴や取組内容はバラエティに富んでいた。「下松店」では、閉店後の残品回収の義務が会員に課されるが、所要時間を見ると、車で15分圏内に居住する会員が多かった[8)]。最近の出荷額の増減に関しては、半数が増加を記録しており、減少の回答は会員③のみであった[9)]。会員登録後は、やりがいを覚えて農業生産に拍車がかかり、出荷額の増加を報告した会員が多かった。「下松店」に出荷する理由は、自宅からの近さを挙げる会員が大半であったが、車で片道約40分の遠方から出荷する会員⑥もいた。詳細は明らかではないが、とある会員は、遠方の会員に何らかの特例を認めるという運営主体側の配慮があることを語った。

以下では、特徴的な会員の作付状況や取組内容等を素描する。まず最初に、会員③は、ネギ、ナス、ハクサイ、サニーレタスを中心に、トマト、キュウリ、ホウレンソウなどをハウス栽培し、少量多品目生産を徹底してきた。また、農産物の収穫が多い時期には、残品を減らすために、「下松店」以外の農

表5-2　出荷会員の概要

会員	形態	出荷開始年	専従者	作付面積	所要時間	出荷増減
①	α	1995	M80	野菜30	15	↑
②	γ	2007	M66	野菜30	15	↑
③	α	1996	M72	野菜60（柿10本）	10	↓
④	γ	2011	M66	野菜40	15	—
⑤	γ	2007	M75,F74	野菜30	5	↑
⑥	専	2010	M66,M33	野菜24	40	→
⑦	β	1995	M62,F62	花卉10	25	→
⑧	α	1996	M64	野菜30	35	↑
⑨	2	2003	M56	野菜20	13	↑
⑩	α	1995	M80	野菜2.2	10	→

（資料）聞き取り調査より作成。
（注1）形態は農林水産省の分類に基づき、専は専業農家、2は第二種兼業農家、αは元第一種兼業農家、βは元第二種兼業農家、γは元会社員。
（注2）出荷年度は100円市が開設された1995年から算定。
（注3）農業専従者は年間労働150日以上の者で、Mは男性、Fは女性、数値は年齢。
（注4）作付面積の単位はアール（a）、所要時間は自宅から下松店までに要する時間（分）。
（注5）出荷増減は最近における下松店への出荷額の推移。↑は上昇、→は横ばい、↓は減少。

産物直売所にも積極的に出荷してきた。次に、会員④は、66歳で定年退職するまでは会社員として勤務し、定年退職後の2011年に農業を始めた。定年後の就農を見据えて2005年頃から地元の農地を購入し始め、2009年には山口県立農業大学校での1年間の課程を卒業した。2010年になると、「アグリライフ・リフレッシュ講座」を受講し、農産物の生産に必要な技術と素養を身に付けたという。各種講座では、肥料や農薬の使用方法、苗の植え付け方など、実務を通して得たものが少なくなかったといい、肥料や農薬に関しては、作付品目や耕地面積の数量や規模によって、必要量を詳細に計算して投入するようになったことで、農産物の収穫量を大幅に増やしたことを語った。野菜以外の生産についても、座学と実学の真価を発揮し、シイタケ7000本、ナメコ3000本を原木栽培するなど、少量多品目生産に余念がない。さらに、イノシシの獣害で農産物が深刻な被害を受けていることから、害獣捕獲用罠の設置に関する免許取得を見据えて、相応する講座を受講すべく意欲を見せていた。

会員⑥は、「下松店」以外にも、複数のJA周南の直売所に出荷していた[10)]。

30代の後継者が2011年に山口県立農業大学校を卒業したばかりで、今が経営規模を拡大する好機と話した。山口県単独事業「やまぐち集落営農生産拡大事業」による農業機械等の生産条件整備支援で、ハウス設置費用の3分の1の補助が出ることから、ホウレンソウのハウス栽培を計画中であった。最後に、会員⑨は、2003年に神奈川県横浜市からUターンし、会社勤務の傍ら土日祝日に農業に励んできた。農地利用を通年で計画しなければならない水稲栽培よりも、種蒔きから収穫までの農地利用が数か月単位で可能な畑作農業に魅力を感じて、20アールの水田を全て畑地に転換し、完全無農薬の野菜の多品目生産を心がけてきた。氏は、当初はJAへの系統出荷を視野に入れて兼業農業を始めたが、定められたサイズや重量、一等品、大口出荷などの様々な要件を満たすことが難しかったという。一方、「下松店」への出荷であれば、流通機構の細かな出荷規定に悩まされることなく、たとえ規格外の農産物であっても、地域の最終消費者に向けて自己の判断で商品の魅力を直接訴えかけることができることを強調した。こうして氏は、現在では「下松店」への出荷を中心に据えて、日々の農業に意気揚々と従事していた。

以上のように、「下松店」の会員は、定年退職を契機に農業に取り組むようになった世帯が多く、野菜生産の少量多品目生産に主に従事していた。JA周南が開講した「アグリライフ・リフレッシュ講座」、山口県立農業大学校の講義、山口県の補助金などの農業支援事業を有効活用し、経営規模の拡大を図りながら、農産物の生産から販売までを視野に入れて、意欲的に従事する様子をうかがえた。今回の調査では、定年退職した会員の割合が高かったが、専業農家の販路の一部としての機能も指摘され、地域社会や地域農業の活性化に一定の役割を果たしてきたといえる。特筆に値する点は、直売所の開設までは農業に無縁だった住民や定年退職後の高齢者らに対して、新たな経済活動を始める機会が提供されるようになったことである。農薬使用履歴や残品回収などの追加的な労働を行う必要はあるが、出荷のために販売農家である必要性もないため、事と次第では、本事例のように人口密集地や都市部で直接販売が興隆する可能性があるといえる。

3　愛媛県内子町の「道の駅内子フレッシュパークからり」における情報化と高付加価値化

（1）　内子町の現段階と「からり」の概要

愛媛県内子町は、県庁所在地である松山市の南西約40 km、県のほぼ中央部に位置する。2005年1月に、内子町、五十崎町、小田町の3町が合併して誕生し、人口は約1.8万人、面積は299.5 km^2、高齢化率は約34％である（2010年国勢調査）。基幹産業は農林業であるが、農業就業人口は全体の20％程度である。また、販売農家の平均耕地面積は104アールで、県平均をやや下回っている（2010年農林業センサス）。農林水産省の農業地域類型では都市的地域に該当するが、その77％は林野で構成される中山間地域である。

内子町役場付近の標高50 mから小田深山周辺の標高1000 m超の標高差があり、1999年には500 m付近の五十崎町にある泉谷の棚田が、農林水産省の「日本の棚田百選」に認定された。水稲以外の農産物については、標高100～400 mの傾斜地に、主要作物の葉タバコをはじめとして柿、栗、梨、ブドウ、リンゴ、ミカンなどの果樹やキノコ類が栽培され、小規模ながらも多品目生産が行われている。ただし、往時には四国の半分の生産量を誇った町の葉タバコ生産は、全盛期の5分の1の生産量に落ち込んでおり、地域農業の低迷の主要因として指摘されるところである。

内子町は観光地としても知名度が高く、江戸から明治期にかけて栄えた商家が数多く残る「八日市護国地区」は、「木蠟と白壁の町」として1982年に国の重要伝統的建造物群保存地区に指定された。中心部には、木造二階建て瓦葺入母屋造りの歌舞伎劇場「内子座」があり、年間7万人が入場する。こうした観光資源を目当てに、2011年度は約103万人の観光客が内子町を訪問し、町内総生産額の約65％は第三次産業によるものである。なお、2010年度の内子町へのＩターンの人数は、11世帯の26人に上った。

本項で取り上げる「からり」は、第三セクターによる株式会社として1996年に開設された。初年度は、「からり」と農業情報センターの施設のみであ

表 5-3 「からり」の概要

開設年月	1997 年 4 月	販売手数料	15%
運営主体	株式会社	売場面積	500m^2
組織名	(株) 内子フレッシュパークからり	駐車場台数	170 台
年間販売額	4 億 2,500 万円	年間利用者数	74 万人
登録会員数	430 人	地場産品割合	100.0%

(資料) 内子フレッシュパークからり提供資料より作成。

ったが、翌年にレストラン、翌々年には加工場が併設され、現在は施設全体として「道の駅内子フレッシュパークからり」の総称で運営されている。名称には果楽里、花楽里、香楽里、加楽里の 4 つの意味が込められ、そのコンセプトは「森の中の直売所」である。

「からり」の概要は、表 5 - 3 の通りである。農産物直売所の年間販売額は 4 億 2500 万円、利用者数は 74 万人に上り、400 種類を超える年間販売品目を誇る[11)]。出荷会員は約 430 人で、そのうち 7 割は女性である。全国の過半数の直売所が一定量の仕入品を店頭販売する傾向がある中で、「からり」の最大の特徴は、内子町産の地場産品のみを扱っていることである[12)]。

年間販売額の推移を見ると、初年度の 1994 年は 4200 万円であったが、その後の販売額は右肩上がりの上昇基調にある[13)]。会員 1 人当たりの年間販売額は約 100 万円で、「からり」を舞台として農業生産で補助的な収入を得られるという評価の域を超えるものではない。ただし、会員の中には、年間で 1000 万円を超える販売額をもつ会員も一定数存在する。しかも、そのような高額を売り上げる会員は、年々増加しているようである。周知の通り、JA 共同販売で規格外品とされる農産物や有機農産物など従来型の販路で流通しにくい農産物も出荷できるため、町内の就農希望者が増加傾向にあるという。

(2) 「からり」設立の経緯と事業展開

「からり」の運営主体は、先述したように株式会社内子フレッシュパークからりであり、その運営については、同社と委託販売契約を結んだ「からり直売所出荷者運営協議会」が担っている。住民が「からり」に出荷するためには、運営協議会に入会金3000円を支払い、組合員の権利を得る必要がある。その後、15%の販売手数料を負担することで、通年出荷できる。運営方針は次の3点である。第1に町の農業振興、農業支援施策の実践の場とすること、第2に高齢者や女性をはじめ、地元住民の交流の場とすること、第3に農産物を売るだけでなく、高付加価値化の場とすることである。

運営協議会には、組織力を日々高めるツールとして5つの専門部会が存在し、各会が定期的に会合して意見の集約を図る。まず、「明日のからりを考える委員会」は企画立案、「イベント企画委員会」は集客力向上のための企画、「店舗レイアウト委員会」は商品展示方法の考案や粗悪品チェックを担当する。このほか、「広報委員会」は店の広報宣伝活動に専念し、「安全農業推進委員会」は商品の品質、安全性、農薬の適切な使用に関する講習会を主催する。これら5つの専門部会の上部組織として、利用者のクレームに対応する「品質監査委員会」、残留農薬の抜き打ち検査を実施する「トレーサビリティー推進協議会」が設置されている。因みに、検査は年間で500〜600回実施されるが、これまでに違反者は出ておらず、高い安全性を実現してきた。

ここで、設立の経緯を概観すると、大学教員や専門家の意見を積極的に取り込んでいった点がひとつの特徴である。伊予市のアトリエA&A代表取締役を務める武智和臣氏が建物の建築デザインを担当し、愛媛大学農学部客員准教授と松山市のビンデザインオフィス代表取締役を兼務する山内敏功氏がパッケージデザインに携わった。これだけでなく、全体的なコンセプトの設計と維持管理に、地域内外の専門家が継続的に関わってきた。

これらの一大事業を専門家が一手に引き受けたわけではなく、専門家らは、道の駅と直接販売に関する事業の助言者として参画したにすぎない。あくまでも、地域に住む生産者と消費者、住民、そして出荷会員が、事業の担い手であり主体なのである。住民と専門家が協働し、長い時間をかけて地域振興策を内発的に検討してきた結果、「からり」の開設に結実したのであった。1986年に開設された「知的農村塾」と呼ばれる継続的な学習活動が住民の主体的な活動の源泉となり、地域資源の高付加価値化を図るために「作るだけの農業からの脱却」と「作り、売り、サービスする農業」が推進されてきた。

（3） 生産出荷体制の情報化とトレーサビリティーの推進

商品の生産・出荷の手続きと各段階を概観すると、次の通りである。まず、出荷される商品情報は、会員別、商品別に情報センターのデータベースサーバーに蓄積される。レジ4台が出荷会員の携帯電話や電話回線に結ばれ、その日の商品の売り上げは、メール、電話、FAXなど適当なツールを通じて、会員にタイムリーに送信される。一例として、「芋類極品薄まだまだ置けます」と通知され、自身の販売状況だけでなく、店頭や陳列棚の混雑状況等も同時に把握できる。会員は、常に送られてくるデータを参考にすることで、当日の追加出荷や後日の生産販売計画に役立てている（写真5-1）。

販売情報は、1時間ごとに「出荷者」「品目」「単価」ごとに集計され、情報センターの販売管理サーバーに蓄積される。そして、会員は、携帯電話やインターネットなどの情報端末を利用し、情報センターのトレーサビリティーサーバーに接続することで、自らの販売データを閲覧できる。このシステムの導入によって、午後の追加出荷が効果的になっただけでなく、自宅で残品を確認できるようになり、会員と従業員の時間ロスの縮減につながった。このようなシステムによる事務処理作業の効率化・迅速化によって、様々な経費が削減され、導入前は月1回だった精算が月2回に増えて、地元農家に定期的な金銭収入と農業のやりがいをもたらすようになった。

さらに、販売データは定期的に会員に返却され、多様な顧客の需要に応えられる農産物を生産するための研究に活かされる。こうした情報技術力・情報発信力を活かし、「からり」は、店内で扱う農産物や加工品のインターネット販売をホームページ上で始めた。松山市をはじめとして愛媛県内の量販店やホームセンター、スーパーマーケットの産直コーナーにも積極的に出店してきた。この情報システムは、「からりネット」の総称で呼ばれている（図5-1）。

POSシステムの導入は1990年代のことであったが、このほかに双方向の農業情報連絡システムとPOSシステムを連結し、会員だけでなく利用者に栽培履歴に関する情報提供を行ってきた。会員が自宅で出荷品目や商品に張り付けるバーコードシールの発行を予約できるだけでなく、一方の利用者は

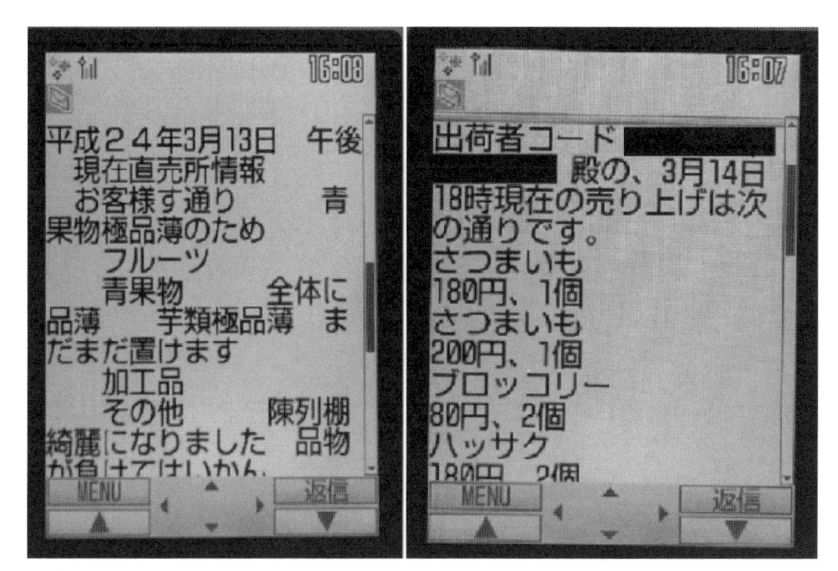

写真5-1　出荷会員の携帯電話で閲覧できる当日の販売状況の一例
（資料）筆者撮影。

店頭にある情報端末やホームページ上で、バーコードシール番号を入力することで栽培履歴を閲覧できる。栽培履歴に記載される項目は、会員の名前、顔写真、圃場、出荷開始の年月日、肥料や農薬の使用状況などである。また、情報交換のツールとしてバーコードシールに会員の電話番号が記載されるため、利用者は会員に直接連絡して生産方法や商品の特徴などを質問することができる。

（4）農商工連携と6次産業化の実践

最近における「からり」の商品の販売比率は、野菜類38%、果実類27%、加工食品27%、その他8%である。こうしたなかで、ギフト商品の需要増を受けて、内子町は2007年に農林水産物処理加工施設を建設し、食品加工に力を入れるようになった。これらの事業が奏功して、農林水産業者と商工業者との連携による先進的な取組を紹介する経済産業省の「農商工連携88選」に2008年に認定された。その2か月後には、農商工連携支援事業「内子町

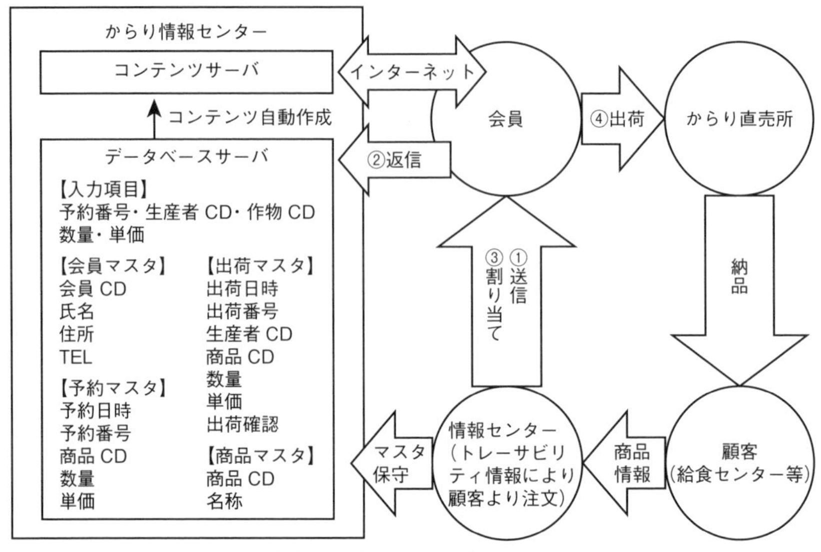

図5-1　「からりネット」の概要
（資料）内子フレッシュパークからり提供資料より作成。

特別栽培農産物等認証の完熟トマトを活用した加工食品の開発・製造・販売」事業計画にも認定され、内子町はトマトの加工品製造に本格的に乗り出すことになった。

この事業を継続的に進めることで、2009年にケチャップソース、2010年にシャーベット、2011年にジャムが完成し、「からり」限定の箱詰めギフト商品として販売した。ここで、他の自治体と比較しても、内子町はトマトの産地としての知名度が高いわけではないということを強調しておきたい。その生産量も他に勝るような規模ではないが、「出荷品目の中でトマトの数が比較的多い」という理由から、加工品製造に向けた農産物の現物にトマトが選ばれたのであった。このような内子町の「直売所ブランド」の創作事例は、農産物の現物では注目されていない生産地であっても、加工品の製造によって商品の高付加価値化や地域活性化に資する可能性を示唆するものである。

（5）地域社会に埋め込まれた「からり」

最後に、地域社会との関わりの事例を挙げておきたい。例えば、「からり」は、地元小中学生の授業の一環として、会員の農地における農業体験学習や、高校生や大学生対象の農業体験などを主催してきた。また、2000年以降に、町の学校給食センターや病院に食材を継続して納入するようになった。販路開拓を目指した結果、広島市で週1回、松山市で月1回のアンテナショップを展開し、出張販売にも力を入れている。

出荷と残品に関する規定については、主に開店前の出荷に加えて、出荷当日の閉店後の残品回収が原則である。しかし、運搬手段が限られる高齢の会員も存在する。そこで、「準会員制度」（1998年導入）を設けて、生産と販売にかかる作業の軽減を図っている。現在の準会員は15世帯ほどで、ひとり暮らしの高齢者が多いため、近所の会員が準会員の農産物運搬を引き受けている。体力的な要因などで残品回収や出荷が難しい高齢者をサポートし、生きがいとやりがいの創造、人間関係の継続につなげている。

内子町の直接販売の特徴は、「からりネット」の構築によって事務処理作業の効率化、迅速化が進められてきたことである。そのうえ、労力や経費の削減だけでなく、トレーサビリティーの強化も進めて、会員の顔の分かる商品を求める利用者の需要に応えてきた。情報化や加工品の製造についての取り組みは、今後の直接販売のまちづくりを展望するうえで模範となる事例である。

4　佐賀県小城市の「小城町農産物直売所 ほたるの郷」における出張販売の展開と給食センター納入のプロセス

（1）小城市の現段階と「ほたるの郷」の経営実績

「ほたるの郷」は、佐賀県小城市の北部に位置する小城町に立地している。小城市は、2005年に小城町、芦刈町、牛津町、三日月町の旧4町が新設合併して市制を施行した。県中央部の肥沃な佐賀平野の西端に位置し、平野部では水稲や小麦が生産され、山間部ではミカンの栽培が盛んである。また、市東部は佐賀市に隣接し、市北部は天山山系の一部、また市南部は有明海に面して、農業用水路が縦横に張り巡らされて広大な水田地帯が形成されている。

人口は約4.5万人、面積は95.85 km^2、総農家数は974世帯（小城町420世帯）、経営耕地面積は1533ヘクタール（同451 ha）で、主な農産物は水稲、小麦、大豆、ミカンなどである（2010年農林業センサス）。小城市小城町は、「日本の棚田百選」に認定された「江里山の棚田」に見られるように、山間地が広がる北部では、果樹栽培や畑作農業による農産物の多品目生産が盛んである。

「ほたるの郷」の前身は、JA佐賀の女性部が1985年ごろからJA佐賀小城支所の敷地内で開いていた日曜朝市であった。開設当初の集客状況は良好であったが、しばらくすると、小城支所の近所におけるスーパーマーケット開設や、ミカン価格の低迷などの要因が重なって、朝市に陰りが見え始めた。そのため、農業所得を減退させた農家や地域住民は、常設型の直売所の建設を望むようになった。くしくも、旧小城町は、1996年から佐賀県の事業「佐賀農業・農村むらぐるみ発展運動」を活用した地域づくりを推し進め、日曜朝市のような直接販売を支援し始めた。これによって、機械利用組合の設立や生産基盤が整備されるとともに、直接販売による交流活動も定期的に開催されるようになり、直売所開設の気運が町全体で高まった。

常設型の農産物直売所を望む意見集約に尽力したのは、「ほたるの郷」会長（2012年2月時点）の宮島壽一氏であった。宮島氏は当時、県農業改良普及センター職員として直売所開設や農業指導に従事する傍ら、日曜朝市にも出荷していた。氏は以前から、常設の店舗用として、岩蔵地区のゲンジホタル観察用の資料館に注目していた。この資料館は、1年のうち5月下旬から6月上旬の数週間しか利用されていなかったためである。折しも、当時の江里口秀次町長（2005年4月10日より小城市長）が、通年で活用できる施設へのリニューアルを検討することになった。これを知った宮島氏は、江里口町長に直売所としての有効活用を提案し、常設型の直売所を開設して町を活性

表5-4 「ほたるの郷」の概要

開設年月	2003年5月	販売手数料	15%
運営主体	生産者団体	売場面積	90m^2
組織名	ほたるの郷	駐車場台数	40台
年間販売額	1億3,100万円	年間利用者数	10.8万人
登録会員数	200人	地場産品割合	95.0%

（資料）聞き取り調査より作成。

化させる方向で意見が一致した。

その後、資料館を直売所としてリニューアルするという提案は、町内に直売所がなかったことや、地元農家の意向が強かったことも相俟って実現することになった。資料館は旧小城町単独事業で約700万円をかけて改装され、店名は祇園川に生息するゲンジボタルに因んで命名された。2002年11月に組織の設立を果たし、それと同時に地元の生産者約50人が出荷会員登録して、2003年5月に売場面積90 m^{2}の常設型直売所として開店した。

その運営主体は店名と同じ「小城町農産物直売所ほたるの郷」であり、運営の基本理念は「ただものを売るだけの直売所ではなく、人と人、都市と農村をむすぶ直売所」である。JAでは規格外品とされるような農産物も出荷できて、価格設定は出荷会員に委ねられる[14)]。以上のような利点から、短期間で住民に周知されるところとなり、現在では200人を上回る会員が生産・出荷に励み、週1の頻度で出荷する意欲のある会員が半数に上るようになった。

ここで、店舗概要をまとめたのが表5-4である。売場面積は「生産者又は生産者グループ」の全国平均と同等の90 m^{2}であるが、年間販売額はJAの直売所と同等の1億3100万円を計上している。入会費5000円、年会費3000円のほか、会員は販売収入の15%を販売手数料として「ほたるの郷」に納める必要がある。会員の居住地は、「ほたるの郷」が立地する小城町が90%、小城市内の他地域が5%、残りは市外の会員で構成されている。

店頭で販売される農産物は年間250種類に上り、残品は会員が閉店後に回収する規定である。これに関し、夕方の品揃えを強化する「ほたるの郷」は、午後に出荷された農産物に「午後出しスタンプ」を押すという独自の取り組みを実施してきた。このスタンプが押された農産物は、売れ残った場合でも、出荷当日ではなく翌日の閉店後の回収が許可される。この措置によって、夕方であっても意欲的に出荷する会員が増えるようになり、同時に利用者は常に新鮮な農産物を手に入れることができるようになった。

（2） 企業ノウハウの導入と出張販売の展開

「ほたるの郷」の特筆すべき取り組みは、出張販売[15)]である。その背景には、2005年から2010年まで勤務した女性店長の地道な経営努力があった（現代農業編集部 2010、312-325頁）。開店当時は店長職がなかったが、「主婦の視点を直売所経営に取り入れてもらいたい」との期待から、佐賀県ふるさと再生雇用事業によって地元の専業主婦が店長に就任することになった。期待に違わず、大手外食産業での企画販売に関する実務経験をもつ店長は、民間で培ったノウハウを直売所経営に活かし、販売額を右肩上がりに増やしていった。女性店長の5年間は、いずれも販売額の増額を記録したという。

この店長は、外食産業では専ら新人教育を担当し、丁寧な接客や雰囲気の良い売り場づくりを心がけた。直売所の半数が導入しているPOSシステムのような最新の販売管理システムの導入は実現していないが、その代わりに会員同士の連携を深めて、早い時間帯に商品が売り切れそうになると、従業員や店長が会員に電話をかけて当日の品揃えを充足した。夕方の品揃えを重視するようにした方針についても、「主婦が買い物をする夕方に商品が揃っていなければ客足が遠のく」と考えた女性店長ならではの発案であった。

このほか、店内には会員の顔写真、名前、自己紹介などを書いたチラシを張って、利用者に生産者情報を伝えるようにした。また、栄養価の高さなどの情報を添付することで、地場産品がもつ良いイメージを高める工夫をした。現在は店長職が設けられていないが、民間企業のノウハウを受け継いだ従業員や出荷会員は、買い物に加えて交流もできる施設としての「ほたるの郷」を意識し、利用者が何度でも通いたくなる店づくりに取り組んでいる。

「ほたるの郷」の課題は、何よりも残品の増加であった。直接販売が好評を得て利用者が増えていった一方で、時期によっては同じ農産物を大量に陳

写真 5-2　2 月中旬の店内の様子
（資料）筆者撮影。

列しなければならなかった。地理的には、小城市北部には天山山系があるため、春は山菜類、冬は柑橘類が数多く出荷される（写真５－２）。けれども、旬の農産物の増加に消費量が合うという実感はなく、会員や従業員は、増加する残品の扱いに煩悶を重ねたという。店舗は県道沿いに立地してアクセスが特に悪いわけではなく、また狭小な売場面積を広げることもできず、一時期には店頭販売の限界が感じられる状況すらあったという。

そのようなときに、農産物のロスを減らすことを目的に、スーパーマーケットやデパートに販路を開くことを試みた。すると、小城産や鮮度の良さが評価され、当初の予想を上回る勢いで契約が成立していった。「ほたるの郷」の開設と同時期に、県内で地産地消活動[16)]が活況となった時流にも乗った。小城市内だけでなく近隣自治体や佐賀市、県外に販路を拡大することにも成功し、最近ではイベントやデパートの物産展などに積極的に出店するようになった。インショップへの出荷回数は2010年度だけで200回を超え、そのうち佐賀市で70回、福岡市では80回の出張販売を展開した。

（3） 給食センターへの納入と地域づくり

農産物の出張販売に取り組むようになったことで、新鮮かつ良質な食材を求める公共施設や料理店、一般消費者の注目を集めるようになった。2005年からは、小城市の学校給食センターという大口需要者を得て、給食用の食材を納入するようになった。さらに、2006年からは隣町の三日月小学校への納入も開始し、「ほたるの郷」が供給する農産物は、小城町と三日月町に立地する小中学校の全7校の給食に使用されることになった。

これら7校に供給される給食は1日約3600食分に上り、そのうち重量換算でおよそ半分の農産物を、「ほたるの郷」が納入する試算である。給食センターという安定的な販路を得た2006年の年間販売額は1億円を突破し、現在では需要不足から一転して供給不足に見舞われることもあるという。そうすると、北東6 kmの位置にある道の駅と連携し、不足する食材を仕入れている。こうした動きを受けて、また最近における直接販売の需要増を見込んで、耕地面積を増やす会員が年々増えるようになった[17)]。

給食センター納入のプロセス（図5－5）は、次の通りである。まず、「ほたるの郷」が給食センターに対し、納入可能な「野菜名」及び「単価」をFAX等で通知し、その後、給食センターが「ほたるの郷」に向けて、農産物の発注書を送る。発注書には「使用日」「農産物名」「規格」「発注量（kg)」が書かれており、これを受けて、後述する「野菜生産計画書」に基づいて、「ほたるの郷」が各会員に給食用農産物の出荷を依頼するという順立てである。

つまり、「ほたるの郷」は、給食センターからの注文後に、納入予定の農産物の出荷担当者を各会員に割り振り、割り当てられた会員は指定日に合わせて野菜を収穫して出荷する方法を取る。そのため、店頭における農産物と同等か、より鮮度の良い農産物を納入できる。また、給食センターに納入する農産物は、「ほたるの郷」の店頭に並べる農産物とは別に生産されるものである。発注書に記載された農産物がない場合であっても、店頭から補充することはなく、近隣の道の駅などからの仕入れを徹底している。学校給食用の農産物については、「ほたるの郷」の店舗前に集約したうえで、従業員が早

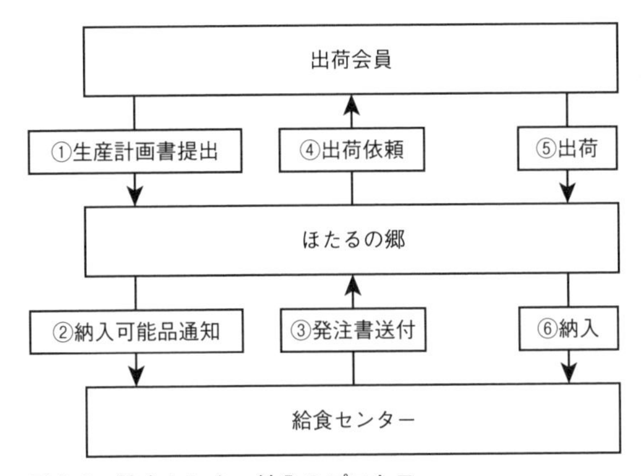

図 5-5　給食センター納入のプロセス
（資料）聞き取り調査より作成。

朝に一括して給食センターに搬送する段取りとなっている。

給食センターへの農産物の安定的納入は、いくつかの条件の上に成立するものであり、特に次の２点に集約される。第１に、全ての会員が年に２回提出する「野菜生産計画書」が挙げられる。この計画書には、年間で生産を計画する農産物について、「品種」「耕地面積（a）」「出荷量（kg）」を月ごとに記載する。これによって、従業員が集荷できる農産物の品目や数量を通年で把握でき、店頭販売やインショップに出店する際の効果的な販売計画にもつなげることができる。

このような仕組みは、「会員のほとんどは 65 歳以上で、売れ残りが増えると生産意欲が減退してしまう。効率的な販売体制を整えるためには、生産の段階からしっかり考えてもらう必要がある」という、宮島氏の長年の経験に基づいて考案されたものである。成功の秘訣は、給食センターの恒常的な大口需要にも対応可能な通年の「野菜生産計画書」の作成と、然るべき会員に時々の出荷を適切に依頼する農産物の生産管理体制にあるといえる。

また、「佐城地区農産物直売所・加工所連携協議会」（通称、佐城ふれ愛ネット）による、地域内産業ネットワークの存在が挙げられる。佐城ふれ愛ネットは、小城市、佐賀市、多久市という隣接する３つの自治体に立地する直売所と農産物加工所の相互情報交換を促し、知識や技術を共有することを目的に、2001年に設立された広域組織である。「ほたるの郷」もこのネットワークに加入し、他の直売所との積極的な交流を模索し始めた。特に、給食センターに納入する農産物の不足分について、近隣の道の駅にもない場合は、このネットワークを活用して市外の直売所から仕入れることもあるという。

最後に、「ほたるの郷」による地域づくりに言及しておきたい。これまでに概観した店頭販売、出張販売、給食センターへの納入のみならず、農産物加工による「直売所ブランド」の創作にも力を入れてきた。そのうえ、農産物や加工品を出張販売する際は地元特産品も同時展開し、県内外における小城市の総合的な流通広報役としての活動も担ってきた。そればかりでなく、宮島氏と市長との関係性に見られるように、小城市における地域づくりにも深く関与している点を特徴とする。店舗を拠点として多様な事業展開（図5-6）が図られており、取組内容は次の3点に集約される。

第1に、都市農村交流を推進している点である。このために、会員や従業員に対して、グリーン・ツーリズム[18)]のインストラクターの資格取得を推奨している。さらに、町や近隣自治体が開講する各種研修会への参加を促し、構成員と組織が一体となって地域づくりに関する知見を深めてきた。このような学習の成果を活かして、「ほたるの郷」は、都市住民を対象にした農業体験学習や農家ホームステイなどのイベントを主催している。こうした取り組みの積み上げによって地域社会の内発的発展を目指し、2008年には町内に農家民宿「いやしの宿ほのか」を開業した。

第2に、児童や保護者への食農教育を推進している点である。学校給食への納入を契機として、会員の中には、小中学校の校内イベントで野菜の特徴や栽培方法を教える講話を行うようになった者もいる。さらに、会員を指導者とした野菜収穫体験会や棚田見学会などを主催して、生産者と消費者の交流を推進している。講話や体験会を通じて、第一次産業や地産地消活動の重要性を、地域の子どもたちに教えることで、将来の地域農業の担い手教育を企図している。

第3に、地域における生産者育成を推進している点である。農産物生産の維持拡大を目指し、会員を対象にした栽培講習会や、周年生産を目指す研究

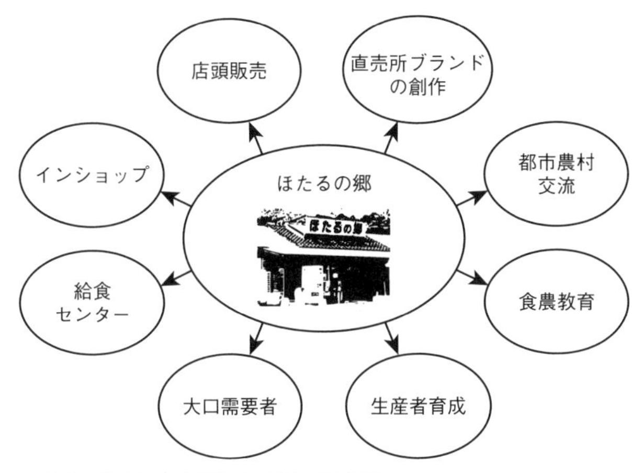

図 5-6 「ほたるの郷」の事業の概念図
（資料）聞き取り調査より作成。

会などを主催している。また、食農教育とも関連するイベントとして、小中学校の児童及び生徒とのメッセージカード交換や、PTA を対象とした交流会を実施してきた。子どもたちや保護者との農産物の収穫体験会、給食センターにおける給食づくり、地産地消や食農教育に関する意見交換会を開催している。こうした定期的な催しは、会員に生きがいや農作業のメリハリを与えるとともに、生産者育成と地域活性化にもつながるイベントとして周知されている。

5　小　括

本章は、「JA」、「第三セクター」、「生産者又は生産者グループ」の農産物直売所の事例から、直接販売にかかる営農活動や地域づくりの諸相を比較検討した。

まず、「下松店」の事例では、安全安心な農産物の地域住民への供給に加えて、運営主体の JA 周南は、就農支援講座を開講して生産者育成を推進し、地域農業の振興、出荷会員の育成、直売所の販売額向上につなげていた。また、会員への聞き取り調査によると、「下松店」の開設は、農業に縁のなかった地域住民の就農にも寄与した。こうして、直接販売は、会員の主体性にプラスの影響を与えて、少量多品目生産に見られる農業経営の創意工夫を凝らすだけではなく、地域農業と地域活性化に資する役割も果たしていると考えられた。

次に、「からり」の事例では、直売所として高い年間販売額を誇る一方で、第一義的に地域農業振興を図るために、地域外の仕入品を扱わないという経営理念が徹底されていた。1986年に始まった「知的農村塾」の学習文化を活かし、地域住民が、地域外の専門家と長い時間をかけて地域振興の方策を内発的に検討してきた結果、次のような独自性の高い取り組みを実現した。第1に「からりネット」と呼称される生産出荷体制の高度情報化、第2に情報化に基づいたトレーサビリティーの推進、第3に加工品製造による直売所ブランドの創作であった。そのうえで、「からり」は、地元小中学生の授業の一環として、会員の農地での農業体験学習や、高校生や大学生を対象とする農業体験会など、地域社会と深い関わり合いを築いていた。

最後に、「ほたるの郷」の事例では、店頭における農産物の需要不足が発生する際に、地域外に経済活路を開く出張販売を展開していた。一転して供給不足に陥った場合、市域を超えた広域的な産業ネットワークを活用することで、地域外からの仕入品で不足分を補っていた。このような手際のよい経営行動は、店づくりと地域づくりを担うリーダーシップのもとで、各々の会員が、緻密な生産出荷計画を通年を通して作成し、ひとり一人が主体的に実践してきたからであった。小城市の「ほたるの郷」に見られる直接販売の活動の諸相は、直売所を舞台とした多様な地域主義の実践の範例になると考えられた。

直売所は、一般市民が従来にないタイプの経済活動を始める機会を提供し、工業化、都市化を遂げた地域であっても例外ではなかった。出荷に当たって販売農家である必要性もなく、むしろ人口密集地や都市部で興隆する可能性が示唆された。運営主体の経営行動や会員の農業経営と出荷計画は一様ではないが、生産者や消費者、住民の社会関係を頑健にして会員の個性が活かされることは、直接販売の営農活動において共通していた。

第6章
都市農村交流施設による地域社会の企業間ネットワーク構造
—長野県伊那市のコミュニティにおける社会ネットワーク分析—

1　本章の課題

（1） 研究方法

本章の課題は、長野県伊那市に立地する「産直市場グリーンファーム」（以下、グリーンファーム）と、この組織が立地するコミュニティに着目し、地域企業間のネットワーク構造とその潜在構造を、社会ネットワーク分析によって明らかにすることである。本章の分析によって、直接販売を取り巻く社会関係資本の構造的特徴の一例を示す。

社会ネットワーク分析とは、複数の行為者の社会的相互作用によって生じる関係性を見つけ出すことを目的とする手法である。ここでの行為者とは、必ずしも人間だけを意味するものではなく、企業であれ国家であれ関係を取り結ぶ主体であれば、いずれも分析対象となる。分析対象としての行為者をノード（node）、行為者間関係を紐帯（tie）で表し、行為者を点、関係を線とした数学的な結合関係と捉え、ソシオマトリックスという社会関係構造の行列式に表記して分析する。こうすることで、組織や共同体、個人における同次元の行為者同士が点と線によって示された関係構造が、視覚的なソシオグラムとして素描されるとともに、中心性や構造的空隙などのネットワーク指標が得られ、行為者間関係の量的な把握も可能となる。行為者を取り囲む関係構造に着目することで、個々の資質を要因とする属性主義から自由となり、人間や社会現象に対する解釈の仕方に深みを出せる（安田 1997）。

社会ネットワーク分析は、個人間の社会的関係ネットワークの解明を目指した人類学的研究から出発し、1970 年代における分析手法の数学的な革新による普及を経て、組織間に形成されたネットワークに関心を向ける研究に組織論的転回して本格的に台頭した（金光 2003）。第 1 の前提には、新しい経済社会学を主導したマーク・グラノベッターがカール・ポランニーらの経済人類学的な議論を発展させた、合理的な意志決定の絶対的な想定を棄却する経済学理論修正主義を批判してマクロレベルの社会構造的な要因も経済現象や経済行為の説明項とする、社会への行為者の「埋め込み」概念がある（Granovetter 1985）。このように組織は、ネットワークを介した社会との相互作用を通じて、社会のもつ歴史や文化、価値観、規範、行動パターンのあり方を共有し影響されるため、両者の相互作用を分析することに意義が見出されている。社会ネットワーク理論は、科学論的に見るとネットワークという中間水準レベルの構造形態の面から分析するところに視点の独自性があり、個別のネットワークがもつ社会構造が全体としてもつ因果メカニズムの解明を志向し、「中範囲の理論」の立場をとる（若林 2009）。

最近における既往研究では、2000 年代の日本映画の製作事業開発提携において、企業プロデューサー間の継続的な信頼関係構築による実践共同体としての企業間ネットワークと興行業績の関連を分析した研究（若林ほか 2015）や、関西バイオクラスターにおける共同特許ネットワークを取り上げた研究（若林 2013a；若林 2013b）、九州半導体産業に関する国際会議とビジネスマッチング事業における企業間ネットワークを取り上げた研究（與倉 2014）に見られるように、事業連携して知的財産を共有しながら産業全体の発展を目指す組織間ネットワークが主要な分析対象とされてきた。地理的に近傍する産学官の各種行動主体を集積させて横方向のネットワークの発達を促すことによる、効率的なイノベーションシステムの形成を目指す地域クラスターに関する研究も見られる（坂田 2011）。上述の視点は、地域経済の再生を企図するネットワーク研究として注目に値するが、分析における地域像は中核市から政令指定都市もしくは各都市を結ぶ広域的な経済圏とされ、関西バイオクラスターや九州半導体産業の既往研究と同様に、地域を越えて企業や大学、専門家らをつなぐ巨視的な産業ネットワークの経済性が想定される。これらの研究を補完するように、基礎自治体やそれより狭いミクロレベル、コミュニティレベルの分析が求められる[1]。

よりミクロな視点で社会ネットワークを捉えた研究も一定数蓄積されており、農山村集落の維持・活性化を担うリーダーの人脈を扱った研究（高橋ほか 2009）では、住民評価の高い集落の区長が有するリーダー性が複数名で成立していることが究明された。地域活性化を支える人的ネットワークとして、リーダーシップとソーシャル・キャピタルを取り上げた研究（八巻ほか 2014）では、首長のリーダーシップを中心とする中心的アクターや域外との橋渡し役が解明された。農山村地域で幅広く住民参加が求められる事業において、受け皿組織への所属関係に着目した２部グラフ[2]の作成によって、情報共有の現状や受け皿組織の中心性が明らかにされた研究もある（鬼塚・星野 2015）。特定の地域レベルにおける活動組織間のネットワークを分析対象とした研究（中村ほか 2013；萩原ほか 2012）では、地域づくり事業にかかわる既存組織のつながりや中心性、階層性などの総合的把握に加えて、社会ネットワークにおいて特定の組織が果たす役割も着目された。

本章では、社会ネットワーク分析の手法を地域社会における企業間関係の分析に応用する。行政界よりも狭域的なコミュニティに立地する各企業が取り結ぶネットワークのハブ機能と、より小規模な企業間のネットワーク構造を仲介する潜在機能を明らかにする。そのうえで、住民相互の力を土台とした内発的な地域づくりの手段として直接販売を位置づける。なお、埋め込み概念などの社会関係資本の蓄積プロセスに関する主要な議論のように、社会関係論と行為論の交差的な関係性への踏み込みを基軸に論じる。

（２） 計測式とデータソース

ジェームズ・コールマンは、人的資本の形成に影響を与えるソーシャル・キャピタルの概念を導入し、家族や地域社会のような閉鎖的な社会関係資本が、義務及び期待や社会規範の遵守を促進させる利点をもたらすことを示した（Coleman 1988）。密なネットワーク社会では、その中心に位置する行為者は、小社会における最も重要な行為者となる。組織論では、ネットワークにおける中心的な行為者は、情報や資源を得やすく、他者との相互作用を統制しやすいとされる。かかる行為者は、権力や競争優位性をもち、より高い確率でイノベーションを起こし、高業績を上げやすいとされる。こうした見方を基礎として、特定の行為者がネットワークの中心にどの程度位置しているかについては、行為者の結合関係による「中心性」の指標で計測される。まず、行為者 i の「次数中心性」は、その結合関係の多さを基準とした指標であり、次の通りである（X_{ij} は行為者 i と行為者 j の間の紐帯数）。

$$C_D(n_i) = \sum_j X_{ij}$$

次に、行為者 i の「距離中心性」は、他の全ての行為者に対する距離の総計の逆数で表される指標であり、次の通りである（$d(n_i, n_j)$ は行為者 i と行為者 j の間の距離）。

$$C_C(n_i) = (g-1) / \sum_{j=1}^{g} d(n_i, n_j)$$

最後に、行為者 i の「媒介中心性」は、他の行為者が連結する全ての経路で行為者 i が媒介する比率で表される指標であり、次の通りである（g_{jk} は行為者 i と行為者 j の全測地線数、$g_{jk}(n_i)$ はそれに行為者 i が介在する測地線数[3]）。

$$C_B(n_i) = \sum_{j<k} g_{jk}(n_i) / g_{jk}$$

一方、社会ネットワーク理論では、複数の分断されたグループ間で仲介的な位置に立つことは、新しい技術、ビジネスモデル、経済活動に関する情報や知識、資源を獲得するうえで有利になるとされる。ロナルド・バートは、分断の程度の高いグループ間では、数少ないブリッジ紐帯をもつブローカーが、経済やビジネスに関する情報や資源の交換や取引関係において、競争的に有利な位置を占めることを提唱した。ネットワーク内の各行為者の関係に空隙がある構造下において、特定行為者の直接結合関係が頑健となるにつれて、その行為者の自律性が高まると捉える見方である。こうした「構造的空隙」の程度を計測するうえで、氏は真逆の指標となる「構造的拘束」を定義し、行為者 j が行為者 i に課す拘束度を次の如く定式化している（P_{ij}、P_{iq}、P_{qj} は各行為者 i 、 j 、 q がもつネットワーク数の中で特定の行為者とのネットワークが占める比率、O_j は行為者 i の結束の程度）(Burt 1992)。

$$C_{ij}=\left(P_{ij}+\sum_{q}P_{iq}P_{qj}\right)^2 O_j$$

本章の分析では、ネットワークの境界として組織が立地する大字レベルのコミュニティ[4)]に焦点を絞り、地域企業間の経済的・人的なソシオセントリック・ネットワーク[5)]の構造を把握する。

上記の研究課題に取り組むために、長野県伊那市のグリーンファームを事例として選定し、企業間関係や事業内容に関する内部資料の開示を運営者に求めた。また、グリーンファームが立地する地域に立地する企業全15社[6)]に対する他の企業との取引及び交流の実績に関するネットワーク調査、グリーンファームとの関係性に関するネットワーク調査のほか、運営者に対する事業内容に関する聞き取り調査を行った。ネットワーク調査は2015年3月に各企業への訪問と電話によって実施し、取引及び交流に関するデータについては、他の企業との取引及び交流の有無のみを端的に尋ねた。行為者と属性の関係を示す2部グラフのデータについては、取引や人的交流、会合の有無などグリーンファームとの関係性に関する12点を質問した。なお、社会ネットワーク分析ツールは、ネットワーク分析ソフト、UCINET Ⅵを用いた(Borgatti et al. 2002)。

2　地域社会の企業間関係とネットワーク構造

（1）　地域企業の概要とネットワーク指標

本節では、グリーンファームが位置する大字レベルの狭域的なコミュニティをネットワークの境界として定める。立地する企業全15社の取引と交流のネットワーク構造と、仲介される企業間のネットワークの潜在構造を明らかにする。

分析対象とした地域企業の概要は、表６－１の通りである。第一次産業から第三次産業までバランスよく立地し、いずれの企業も中小企業基本法が定義する中小企業者に当たる。境界内で最大規模の企業Ｈは、伊那市に本社をもつ総合電子部品メーカーのグループ会社で、国内外に数多くの生産・販売拠点を展開して海外戦略も進めている。企業Ｋも伊那市に本社をもつ建築設計企業の拠点で、長野県産材を中心に全県的な営業展開を図っている。他方、企業Ａ（以下、グリーンファーム）は、経営規模だけを見ると、企業Ｈや企業Ｋに準じるが、商圏は下伊那地域全域が想定されるため、一部の加工品や骨董品、農業資材の調達先は広域に及ぶ一方、生鮮品を中心とした地域資源を扱う企業特性から、食料資源の調達ではきわめて地域性が高くなる。企業Ｈ及びＫと対象組織以外は、個人事業主かそれに準じる零細企業であり、企業Ｆ、Ｇ、Ｉ、Ｊ、Ｌ、Ｍ、Ｎ、Ｏは自宅兼用の事務所である。なお、企業Ｂは、伊那市中心部に立地する旅館の山荘で、観光シーズンや宿泊予約があった際に限って開店する営業形態をとっている。

取引データによると、他の企業と取引実績のない企業は存在しない。紐帯数の最小値は1.0で最大値は13.0であり、最小値は企業Ｂ、Ｃ、Ｈ、Ｍ、最大値は対象組織である。グリーンファームが中心性の最大値を有した。最小値は指標によって異なるが、企業Ｈがいずれの指標も最小値となった。近傍の行為者同士の連結度の高さである局所凝集性を示すクラスター係数は、端点の企業Ｂ、Ｃ、Ｈ、Ｍが最小値0.0、企業Ｄ、Ｇが最大値1.0となった。凝集性の高さを示す重複クリーク数は、紐帯数や中心性と同様にグリーンファームが最大値12.0、紐帯数の最小値をとった企業に加えて企業Ｄ、Ｇが最小値1.0となった。ネットワークが境界内の行為者の行動を制約していない度合を示す構造的空隙は、既述した指標のある種の逆数的にグリーンファームが最小値0.2、企業Ｇが最大値1.1となった。

次に、交流データを見ると、企業Ｈは孤立点、紐帯数の最小値は当該企業の0.0、最大値はグリーンファームの12.0となった。中心性は、取引データと同様にいずれの指標もグリーンファームが最大値、最小値は同データで最

表 6-1　地域企業の概要

番号	組織の名称	業種	開業年	年商	従業員数
A	産直市場グリーンファーム	農産物直売所	1994	100,000	65
B	あいや山荘	旅館	1982	500	3
C	有限会社伊那愛犬トレーニングセンター	犬ねこショップ	1984	5,000	5
D	伊那総合損害保険事務所	保険	1984	650	1
E	コマ書店	書店	1970	1,600	1
F	株式会社ジッソク伊那営業所	測量設計	1982	12,000	10
G	有限会社信州つつじヶ丘牧場	牧場	1994	20,000	8
H	西部ルビコン株式会社	電機機械器具部品	1969	288,000	105
I	有限会社 SOL	建設業	2003	10,000	7
J	有限会社平澤自動車	自動車整備	1974	1,170	3
K	（株）フォレストコーポレーション伊那営業所	建設業	1960	不明	12
L	星野造園土木	造園業	1968	800	3
M	薪ストーブメンテナンス	暖炉用機器	2007	3,000	1
N	ますみ荘	民宿	1975	1,000	3
O	ますみブルーベリー農園	観光農園	1999	—	2

（資料）聞き取り調査より作成。
（注１）年商の単位は万円。
（注２）年商及び従業員数は 2014 年度実績。

小値の企業が概ね該当した。クラスター係数は、取引データと同様に孤立点か端点の企業Ｃ、Ｈ、Ｋが最小値 0.0、企業Ｂ、Ｄ、Ｊ、Ｍ、Ｏが最大値 1.0 となった。重複クリーク数も、紐帯数や中心性などと同様にグリーンファームが最大値 11、他の地域企業と連結していない企業Ｈが最小値 0.0 となった。構造的空隙は、グリーンファームが最小値 0.3、企業Ｄ、Ｊ、Ｏが最大値 0.9 となった。

分析結果を一覧して注目すべきは、グリーンファームのクラスター係数が一際低い値となったことである。近傍Γ_Vに存在する辺の総数を近傍Γ_Vに存在しうる辺の総数で除した値であることから、全ての行為者に対して等しく取引や交流の間口を広げ、母数を増やすきっかけを与えているからと推察される[7]。また、２部グラフを１部グラフに変換して分析し、より小規模な企業間ネットワークを仲介する潜在機能が明らかとなった。

（２）　地域社会における取引と交流のネットワーク構造

地域社会に立地する企業間のネットワーク構造を、UCINET Ⅵに内蔵されたネットワーク描画ソフト、NetDrawで可視化した（図６－２）。地域企業の関連性や各企業による詳細な取引データの保管と開示の実現性を鑑みて、発注元と発注先を考慮しない無向グラフでネットワーク構造を形容した。ノードのサイズを次数中心性に対応させることで、各企業のネットワーク数量の可視化を試みた[8)]。

まず、取引ネットワーク（図６－２上段）の構造では、グリーンファームのノードが地域社会における企業間の取引ネットワークの中枢に布置される関係構造となった。ここと紐帯をもつ企業同士が橋渡しされてネットワークに脈絡が生まれ、各企業が結束を強めている様相を呈する。例えば、企業Ｎは、かつては業務用車両の自賠責保険と任意保険を遠方の大手保険会社代理店で契約していた。しかし、グリーンファームが仲介役を果たし、現在では保有する業務用車両５台の両保険を企業Ｄで契約し、地域内での取引関係を構築したのであった。このように地域社会における企業のハブ機能を果たし、以前は散漫だった地域社会の取引ネットワークが徐々に緻密な取引ネットワークへと成長した。関連する取引企業の直接結合を促し、地域内取引の相互受発注の関係づくりを誘導する構造が形成されたのである。

また、自己組織的にマクロレベルのまとまりを生むメカニズムも備えるネットワーク組織において、行為者の主体性や自発性に基づくミクロなループを捉えるために行ったＫコア分析では、企業Ｇ、Ｉ、Ｋ、企業Ｂ、Ｃ、Ｈ、Ｍ、企業Ｄ、Ｅ、Ｆ、Ｊ、Ｌ、Ｎ、Ｏ、対象組織の３グループに分類された[9)]。最初のグループは業態や扱う資材の同類性が垣間見られ、２番目のグループは地域企業との取引実績が比較的少ないという特徴を見て取れる。最後のグループは、ネットワークの中枢にグリーンファームを位置づけながら、他の企業が横の連携を深めている構造をつくり、しなやかに連結し合ったネットワーク組織が形づくられた。

次に、取引ネットワークと同様に、交流ネットワーク（図６－２中段）を見ると、先述したネットワーク構造と比類される構造が描き出された。グリーンファームが地域社会における企業間交流を媒介する場となり、人間的な交流が広がっている諸相が映し出された。交流のハブ機能を担うことで、以前

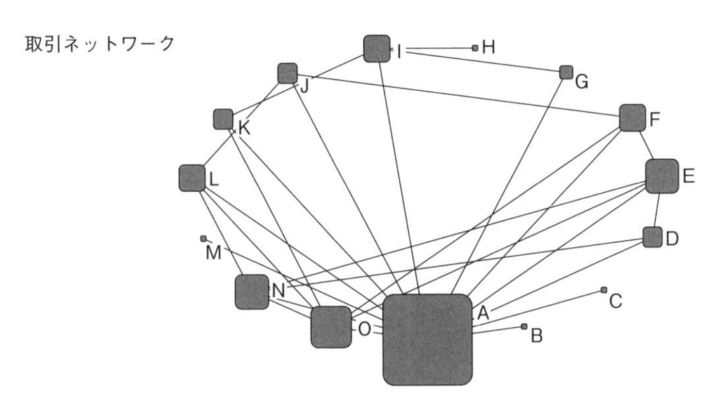

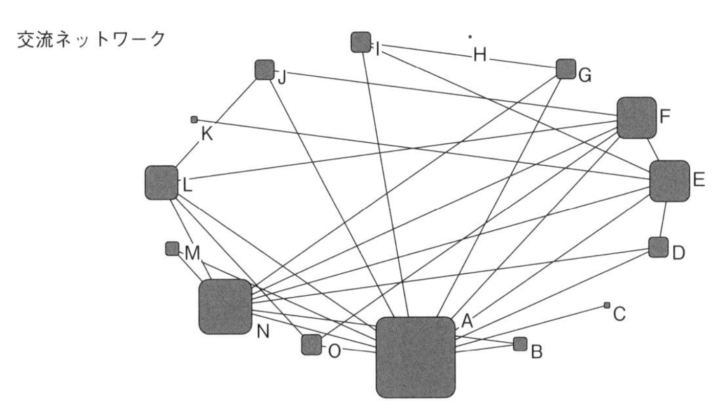

仲介されるネットワーク（潜在構造）

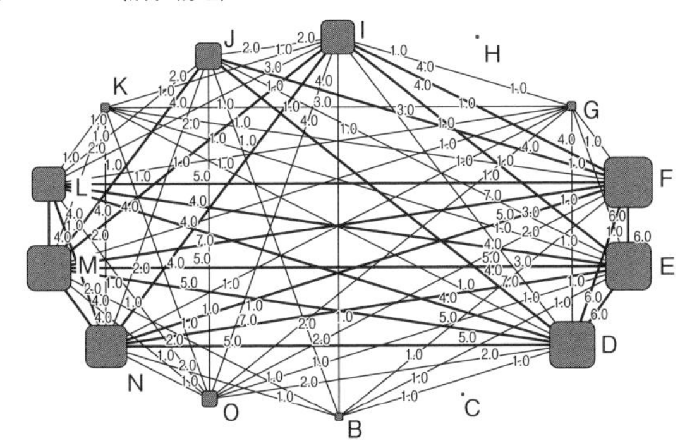

図 6-2　コミュニティにおける企業間ネットワーク構造

（資料）NetDraw より作成。

は疎らだった交流ネットワークが次第に精緻な関係性へと伸展し、地域社会の多様な意思疎通が円滑に行われるようになった。クラスター内部で頑健な協力関係を構築し、情報や知識、文化等の相互理解と深い共有を促進することで、生活空間の拡充が進んだようである。Kコア分析では、企業H、企業B、M、企業C、K、企業D、E、F、G、I、J、L、N、Oとグリーンファームの4グループとなり、2番目のグループは立地環境の近似性という特徴が見られ、最後のグループはグリーンファームがネットワークの中枢を担いながら、取引ネットワーク以上に地域企業が同一グループに集積した。よりネットワーク密度の高い構造が素描され、幾何学的にシンプルな相似形を内包する多様体がグラフ理論レイアウトで形容された。

交流に関する具体例を挙げると、グリーンファームのポイントカードを所持するようになった企業Eは、商品を購入するごとにポイントが蓄積されるため、一定のポイントが貯まる度に抽選権が配布される販売システムに企業運営と生活スタイルを合わせるようになった。年2回の頻度で実施される抽選会に向けて商品購入や生活改善を図り、グリーンファームの商品で生計を立てる生活スタイルを築き、従業員や消費者との人間的なネットワークも広げていった。このような需要に応じた独自的な運営形態が地域社会の行為者を引き寄せる結果を生み、交流の場となって各主体の架橋を促してきたと見受けられる。また、企業JやLは農業関連を生業としてないため、日常的に農産物や関連商品等を集出荷する取引上の関係性はないが、車で数分の距離にある立地特性を活かし、所有する山林に自生するキノコや山菜を出荷することで、関係者と交友関係を築いた。このほか、経営する企業の敷地内で数種類の動物を飼育している企業Jの場合、かつては出産後の引き取り先を探すのに苦慮していたが、グリーンファーム開設後は里親探しを依頼できるようになり、従業員や生産者、消費者、住民との人的なつながりを得た。

地域で生産された農産物や加工品などの取引先だけでなく、地域企業の関係者や住民が随意的に集える交流の場としても機能している。住民が日常的に抱えている課題や要望にも柔軟に対応し、地域社会の知的・文化的資産の集積を図りうる連帯構造の中枢に位置づけられる。かかる取引と交流の相似的な関係構図から、地域社会のネットワークはグリーンファームを基軸に凝集的なネットワークへと成長したが、まず住民が結束して人間的で文化的な交流を自覚的に創り出すことで、企業間の取引関係も頑健にしたのである。

（3） 仲介されるネットワークの潜在構造

ここで、グリーンファームが仲介する地域企業のネットワークの潜在構造の特徴を把握しておきたい。その際、行為者と属性の関係を示す2部グラフを行為者間関係を示す1部グラフに変換する。前項では行為者間関係に着目して分析したが、明確な関係性が得られない場合には、行為者に共通する何らかの要素に着目し、行為者間の間接的な関係性を抽出することで照応しうる。要するに、行為者とイベントの関係表であるインシデンス行列に基づくことで、イベントへの参加・不参加を属性として行為者間関係を導出する。行為者を左側、属性を右側に配置し、両者の関係性をパスで連結させた2部グラフを描出する。行為者を行、属性を列に並べた行為者×属性の行列として関係性が表され、行為者の行列×所属行列を転置させた行列と記される。この2つの行列を互いに掛け合わせることで行為者×行為者の行列が算出され、ネットワークの行為者同士の潜在的な関係構造を把握できる[10]。

この分析に要するネットワーク調査として、グリーンファームに関する以下12点の質問項目を用意した。(1) 取引、(2) 人的交流、(3) 代表者間の会合、(4) 生鮮品の購入、(5) 生鮮品以外の購入、(6) ポイントカードの所持、(7) 商品出荷、(8) 書籍購入、(9) 保険利用、(10) 動物のレンタルまたは譲渡、(11) 会議場・研修室の利用、(12) 各種催事への関与である。調査でこれらの経験の有無を尋ねて2値尺度で把握し、これらのデータを用いて2部グラフを描き出すとともに、転置行列を乗算して1部グラフへ変換した。こうして得られたネットワークの潜在構造は、図6-2下段である。行為者間関係のウエートが線の濃度に比例して表記される重みつきのソシオグラムとなり、先述したネットワーク構造に比類する構造が浮かび上がった。グリーンファームを仲介者として、地域社会の企業間の取引や交流が活発化している位相が表れた。企業CとHは孤立点であるが、その他の企業はいずれも隣接し、特に企業ＥとＮや企業ＦとＭは、７の重みつきで最も頑健な直接結合関係を示した。次いで、企業ＤとＥや企業ＤとＦ、あるいは企業ＥとＦの関係が強固（重みつき６）となった。これらの関係性から、グリーンファームにはより小規模な企業間の架橋を進める潜在機能があることが判明した。

またＫコア分析では、企業Ｂ、企業Ｃ、Ｈ、企業Ｄ、Ｅ、Ｆ、Ｇ、Ｉ、Ｋ、Ｌ、Ｍ、Ｎ、Ｏ、企業Ｊの４グループに分類された。２番目のグループは取引と交流では孤立点か端点であり、他方で３番目のグループはグリーンファームと関係の深い農業共同体で、地理的にも近接して布置し、各企業が両者の関連性を基盤に凝集的なネットワークを形成している。なお、構造同値に基づく階層性クラスター分析によるネットワークの行為者分類では、企業Ｄ、Ｅ、Ｆ、Ｉ、Ｊ、Ｌ、Ｍ、Ｎと企業Ｂ、Ｃ、Ｇ、Ｈ、Ｋ、Ｏのクリークに大別されたデンドログラムとなった。ここでも企業ＣとＨは構造的に高い近似性を示し、関係性の連鎖の制約はない。グリーンファームを基軸とするコミュニティには、網の目のように緻密で多様な企業間関係の全体構造が見られた。

本節の分析結果は、次のようにまとめられる。取引と交流のネットワーク分析では、地域企業の経営規模はネットワーク指標と相関せず、経営規模の大きい企業と他の地域企業との関係が希薄な表層が描出された。一方、グリーンファームは各企業が取り結ぶネットワークのハブ機能を担い、より小規模な企業間のネットワーク構造を仲介する潜在機能を担っていた。

3　小　括

本章は、長野県伊那市に立地する「産直市場グリーンファーム」を取り巻くコミュニティの事例から、地域企業のネットワーク構造と仲介される潜在構造を社会ネットワーク分析で明らかにした。

社会ネットワーク分析を通して得られた知見として、地域社会における企業の経営規模がネットワーク指標と無相関の状況下で、グリーンファームは各企業が取り結ぶネットワークのハブ機能を有し、より小規模な企業間のネットワーク構造を仲介する潜在機能があることが明らかとなった。本章の事例のように、地域社会の住民を取り結ぶとともに、散在する小さな経済組織間を媒介する機能が直接販売を舞台にして形成されることで、住民による住民のための内発的な地域主義の実践が持続的に創り出されていくと考えられる。

第7章

直接販売による内発的発展の地域づくり

—京都市左京区大原地域の「里の駅大原」の事例—

1　本章の課題

本章の課題は、京都市左京区大原地域に立地する「里の駅大原」を取り上げ、直接販売による地域内経済循環の創出を、生産、消費、雇用の視点で明らかにすることである。本章の分析によって、直接販売がもたらす地域の内発的発展の範例を示す。

地域活性化とは、地域社会を意識的に再生産する活動によって促されるものである。特に、農村課題と向き合う際の処方箋は、地域外との連鎖の拡大や異業種連携を進めて、農村内の経済循環を創出させる仕組みづくりにある。既往研究では、農山村の内発的発展の主体に農産物直売所が位置づけられ、地域内経済循環を拡充して経済活性化に果たす役割が明らかにされた（田代2004；田代2005[1)]）。また、産業連関表を用いた地域経済への波及効果の分析では、直売所を基軸にして地域内の資金循環が生み出されることが解明された（小野ほか2005；香月ほか2009）。

地域で生産して地域で消費することに相応しい特性をもつ資源のひとつとして農産物が挙げられる。鮮度の高さを良しとする食品の自明の理を根拠として、地域外の組織や都市住民とのリンケージを起こしながら、住民生活の視点を重視しつつ展開する地産地消活動が直接販売にほかならない。大原地域を事例に、地域産業の傾向的な衰退の一方で、地域農業の維持向上を指摘し、その背景に里の駅大原の開設効果があることを示す。

上記の研究課題に取り組むために、地域内経済循環の創出を把握する目的で、里の駅大原の内部資料を入手した。加えて、住民へのアンケート調査と聞き取り調査を実施し、住民生活の質的向上と多様性を担保する機能による生活空間の拡充の例証もあわせて行う。

2　大原地域の概況

（1）観光と近郊農業

京都市左京区に属する大原地域は、かつては山城国愛宕郡が所管して近江や若狭に向けての道を開き、古くから貴紳の別業が営まれた。京都市の概念的な北限に当たる左京区修学院辺りから北に進むと上高野や岩倉に及び、さらに北上し八瀬を経て大原に至る[2)]。東は滋賀県大津市、西は静原、南は八瀬、北は久多に接する標高約 200〜800 m の小盆地に 13 集落が形成され、総土地面積約 50.6 km^2 に 636 世帯の約 2335 人が生活している（2010 年国勢調査）。古都京都を象徴する比叡山が南方に厳然として聳え、深い山間に清らかな谷水を集めて南北に高野川が流れ、風光明媚な土地柄を形成している。

地理的な近接性から、大原地域には比叡山延暦寺の別院として建てられた三千院や寂光院、勝林院、来迎院などの天台宗系の古刹が建ち並び、浄土教世界の展開を反映した京都を代表する観光地のひとつである。また、製炭を主とした京都の近郊農村としての性格も色濃く残り、地域特産の炭や薪などを洛中まで振り売り[3)]した大原女[4)]が有名である。現在では大原女の姿こそ見られなくなったが、1981 年には大原女まつりが開始され、その際に大原女に扮した女性らが地域を練り歩いて観光客を呼び込む。京都市内では商工業化や宅地化が進展して多くの農地が失われたが、大原地域では観光業と農業という 2 つの地域資源が活かされ、昔の農村が保全されている[5)]。

（2）人口減少と超高齢社会

この 30 年間の京都市の人口は 140 万人半ばの横ばいで推移し、左京区の

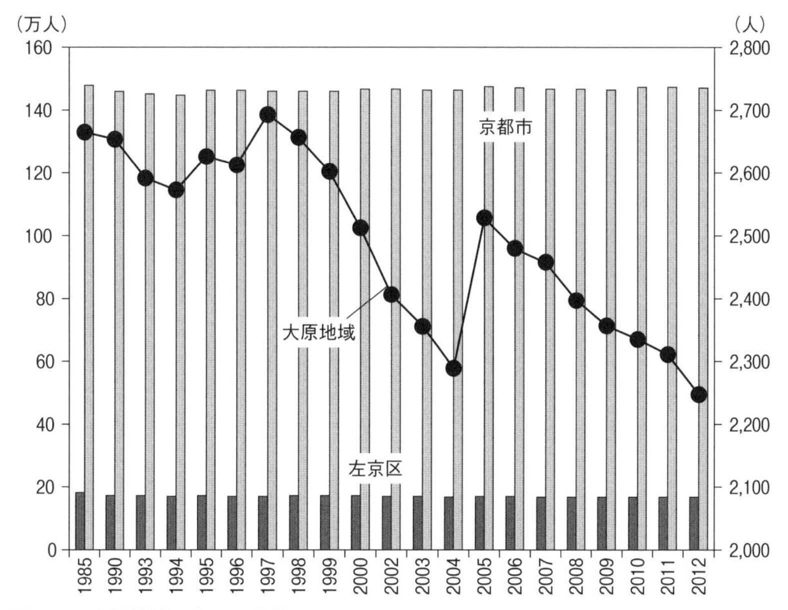

図 7-1　大原地域の人口の推移

（資料）京都市統計書より作成。
（注）右目盛は大原地域の人口。

人口は約 17 万人である。大原地域の人口は、1997 年の 2693 人をピークに減少に転じて 2004 年に 2290 人まで落ち込み、翌年は 2527 人まで伸長したが、その後は減少基調となり、2012 年は 2249 人となった（図 7 - 1）。1985 年比で見ると、2010 年の京都市の人口減少率は約 0.4％とわずかであるが、同様にして左京区の約 7.6％に対し、大原地域は約 15.6％に上った。また、大原地域の高齢化率は 47.8％（2010 年）で、超高齢社会に突入している[6]。

このように、大原地域の人口減少と高齢化は著しいが、年齢 5 歳階級別に概観すると、どのような特徴が浮き彫りとなるであろうか[7]。大原地域の人口ピラミッド（図 7 - 2）を俯瞰すると、1990 年における 30 代以上のコーホート[8]はほとんど変化しなかったが、20 代以下のコーホートは大きく流出した。例えば、1990 年の 15～19 歳の階級では男性は 103 人で女性は 117 人であったが、2010 年の 35～39 歳の階級では男性は 49 人で女性は 45 人となった。

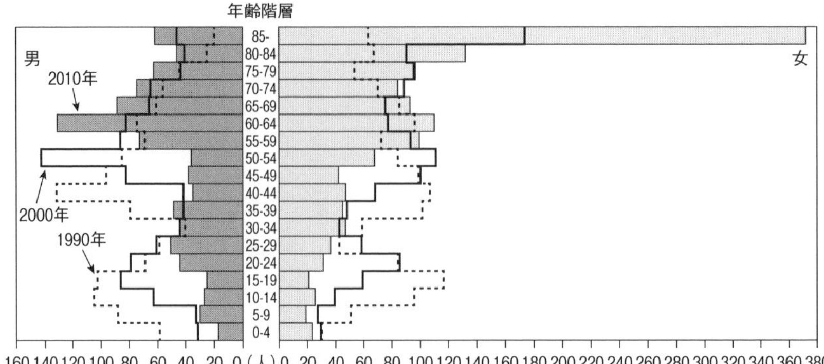

図 7-2 大原地域の人口ピラミッドの変容

（資料）京都市地域統計要覧より作成。

当該コーホートの人口は、男性は約 52.4％減、女性は約 61.5％減に達した。一方、2010 年の 75〜79 歳の階級では、男性は 63 人で女性は 95 人であったが、1990 年の 55〜59 歳の階級では、男性は 69 人で女性は 73 人にとどまり、この間に当該世代の女性の流入があった。すなわち、大原地域では、幼年層及び青少年層は流出する一方で、超高年層や高年層は流入する傾向があった。なお、この 20 年間の京都市各行政区の人口変動と比較すると、大原地域の高齢化と人口減少はより一層際立つものである。

特に、2010 年の 85 歳以上の女性は 372 人に上り、1990 年の 65〜69 歳の女性人口 86 人に照らすと当該人口増加率は 300％を超える。このことは、1990 年代前半から 2000 年代初頭にかけて、大原地域に養護施設が相次いで開業したことに関係すると考えられる。無論、コーホートの変化率は、年齢階級によって大きく異なる。1990 年の 0 〜 4 歳の階級を見ると、男性は 59 人で女性は 30 人だったものが、2000 年の 10〜14 歳の階級では男性は 63 人で女性が 40 人となり、男女とも増加を記録した。当該コーホートは 2010 年には男性は減少したが、2009 年に小中一貫の京都大原学院[9)]が開校されたことから判断できるように、新たな組織の設立によって年齢階級に変動幅が生じたと見られる。なお、京都市統計書で 1 世帯当たり人員を見ると、大原地域は 1985 年から 2010 年にかけて 3 〜 4 人の間で推移し、約 2 人の左京区や京都市と比較すると１世帯当たり人員は多くなっている[10]。

（3） 地域産業の低迷と農業を軸とした地域づくり

大原地域における従業上の地位・産業別就業者数について、1990年から2010年にかけて10年ごとに記載した（表7-1）。まず、就業者数は1995年の1218人をピークに減少し、役員を含む雇用者も2000年の862人をピークに減少した。家庭内職を含む自営業主については、1990年から右肩下がりを続けた。家族従業者は年次によって変動があるが、2010年は取り上げた5か年では最低の75人となった。農業・林業の項目は1995年は58人であったが、その後は減少に転じて2010年は37人となった。各産業の動向を見ると、分類不能の産業以外はいずれも減少傾向にあった。卸売業・小売業では1990年に274人の就業者があったが、2000年の324人をピークに減少して2010年は174人となった。

上述の通り、大原地域の産業は低迷傾向にある。統計書には、地域の主産業である観光業としての記載はないが、観光客数も経年的に減少傾向にある[11]。往時には、年間120万人の観光客が大原地域を訪れた[12]が、現在ではその3分の1ほどに減少し、大原観光保勝会によると、この5年間で観光客数は30～40％ほど落ち込んだ[13]。このような地域経済の低迷下で、1999年から農業を軸とした新たな活動「大原ふれあい朝市」が誕生した。既存の観光資源によらないこの住民の活動を母体として、2008年の「里の駅大原」の開設に発展したことは、注目に値する動向である（表7-2）。

京都市農林統計資料をもとに、大原地域における総農家の動向を1985年と2010年の値で比較すると、農家減少率は5.8％である（左京区の農家減少率は11.9％）。2005年に京北町を編入した京都市を比較対象にはできないが、参考までに京都市の総農家数は、この間に5.9％増となっている。また、合併前の1985年から2000年までを比較すると、大原地域の農家減少率が1.2％であるのに対し、京都市のそれは7.1％であることから、宅地化が進展する最近でも大原地域の農家は比較的維持されてきたと解される。

常駐世帯員に占める自家農業従事者は、男女とも1985年から横ばいで推

表7-1　大原地域における従業上の地位・産業別就業者数の推移

項目	1990年		2000年		2010年	
	総数（人）	比率（%）	総数（人）	比率（%）	総数（人）	比率（%）
就業者数	1,192	100	1,170	100	912	100
雇用者（役員含）	817	69	862	74	640	70
自営業主（家庭内職含）	260	22	228	19	167	18
家族従業者	115	10	79	7	75	8
全産業	1,124	100	1,169	100	876	100
農業・林業	50	4	50	4	37	4
建設業	123	11	117	10	97	11
製造業	196	17	161	14	100	11
電気・ガス・熱供給・水道業	10	1	7	1	2	0
情報通信業	—	—	64	5	12	1
卸売業、小売業	274	24	324	28	174	20
金融業、保険業	23	2	19	2	12	1
不動産業、物品賃貸業	11	1	5	0	14	2
サービス業合計	391	35	375	32	370	42
公務（他に分類されるものを除く）	21	2	16	1	9	1
分類不能の産業	25	2	31	3	49	6

（資料）京都市地域統計要覧より作成。

移してきたが、2005年から2010年にかけては微減し、世帯内で農業に携わる労働力の減少も読み取れる。1985年から2010年にかけて、左京区全体の農家減少率は20%に近い値となり、高付加価値化が期待される京野菜の産地であるにもかかわらず、農業の縮小傾向に歯止めがかからない実態がある。一方、大原地域における経営形態として野菜が主となるところの農家減少率は14.1%で、この間の減少幅が抑えられた格好となった。

加えて、2005年から2010年の間に注目すると、大原地域では野菜生産が主たる農家が下げ止まった。しかも、1985年から2005年までの統計では、専業農家はわずか2世帯であったが、2010年の統計では専業農家が3世帯となった。この間に専業農家が1世帯増加したことについては、里の駅大原の開設効果と見なす地域の共通認識があり、刮目に値することである。

また、開設当時の出荷会員は60会員に満たなかったが、わずか5年の間に、新規就農した15会員を含めて会員数は倍増した。15会員の多くは、生産者グループ「オーハラーボ」に属し、開設後に大原地域に住むようになった篤農家である。その代表者は、同志社大学総合政策科学研究科ソーシャルイノ

表 7-2　大原地域に関する年表

年	主要な出来事
1875	百井、大見、尾越を除く 8 区を通学路とする大原校創立。
1883	北方山間部に点在する大見、尾越、小出石、百井の 4 村を加え、愛宕郡大原村成立。
1923	洛北自動車（現、京都バス）のバスが、出町柳－大原間で運行開始。
1925	京都電燈（現、叡山電鉄）の電車が、出町柳－八瀬間で開通。叡山ケーブル開業。
1928	京都電燈（現、叡山電鉄）が叡山ロープウェイ開業。
1948	大原農業協同組合設立。
1949	大原村が京都市左京区に編入。
1958	比叡山ドライブウェイ開通。
1965	三千院などを歌ったデューク・エイセスの「女ひとり」ヒット。
1966	奥比叡ドライブウェイ開通。
1967	若狭街道の舗装が大原まで完成。
1970	京都大原パブリックコース開設。
1975	京都市から福井県若狭町に至る国道 367 号制定。
1981	大原女まつり始まる。
1981	京都大原記念病院創立。
1982	京都府道 40 号下鴨静原大原線が主要地方道に認定。
1989	京都府や府内自治体、JA などでつくる京のふるさと産品協会が「京の伝統野菜」の認定開始。
1990	大原の画仙人・小松均の代表作を並べた小松均美術館開館。
1996	JA 京都中央大原支店開設。
	ファミリーマート大原三千院店開店。
1999	大原農業クラブ設立。国道 367 号沿いで「大原ふれあい朝市」始まる。
2001	介護老人保健施設「おおはら雅の郷」開設。
	京都大原里づくり協会設立。
2003	NPO 法人京都大原里づくり協会設立。
2005	京都大原土地改良区設立。
2006	京都大原土地改良区による地域の圃場整備等開始（2011 年まで）。
	大原里づくりトライアングル設立。
2007	大原の農家でつくる「大原アグリビジネス 21」設立。
2008	里の駅大原開店。
2009	小中一貫の京都大原学院開校。
2012	里の駅大原と JA 京都中央大原支店共催の「大原料理コンクール」開始。

（資料）各施設提供資料及びホームページ、聞き取り調査等より作成。

ベーション研究コース出身で、大原地域に研究科の実践圃場がある縁から、有機農業を志して大原地域で専業農家となった（全国農業改良普及支援協会 2013）。このように、2008 年における里の駅大原の開設は、大原地域の専業化に寄与し、野菜を中心とする農産物の多品目生産を住民に促すとともに、地域農業の再生と地域経済振興の呼び水となったのである。

3 「里の駅大原」による地域内経済循環の創出

（1） 里の駅大原の概要

里の駅大原は、大原地域の中心部に立地している。約2700 m^2の敷地内には、売場面積165 m^2の農産物直売所・旬菜市場のほか、加工所・もちの館とレストラン・花むらさきが併設され、北隣には1区画約30 m^2の貸農園が39区画整備され、1区画が年間2万円で貸し出されている。大原地域の住民によって立ち上げられた株式会社大原アグリビジネス21が運営し、従業員は30人（正社員2人、パート28人）、出荷会員は118人、年間販売額は1億6500万円（2011年）に上る。出荷に際して青果及び花卉は10％、加工品は15％の販売手数料がかかり、さらに年会費2000円、会員登録料1万円、権利金5万円を要する[14)]。地産地消活動の目標達成のために、95％以上の地場産品率が堅持され、商品規格や価格の上限・下限は特に設定されていない。営業時間は午前9時から午後5時で月曜定休の週6日営業で、毎週日曜日の早朝には旬菜市場の隣で日曜朝市が開催されている[15)]。

（2） 開設の背景と総合理念

開設の契機は、2006年から5か年計画で開始された京都大原土地改良区による圃場整備であった。住民主体で事業が進むと、京都市が大原地域全体に還元できる事業を提案した。当時、定年帰農者の住民が1999年に結成した大原農業クラブが、国道367号沿いで日曜日の早朝に朝市を開催し、多額の販売額を計上していた。その年間販売額は、開設初年度の1999年度は2500万円に満たなかったが、2006年度には約7000万円に上っていた[16)]。そこで、成長過程の大原農業クラブと朝市の組織を土台に、常設の直売所を開設して地域づくりを進めていく方向で意見が一致し、地域の発起人5人が2007年に株式会社大原アグリビジネス21を設立した。会員は大原地域の生産者だけでなく、隣接する左京区静市静原町や北区上賀茂の生産者にも依頼して品揃えを強化し、現在の販売額に至っている。

総合理念とこれを支える４つの事業理念は、以下の通りである。まず、総合理念は「世界に誇れる観光農村を目指す」、次に、朝市・旬菜市場事業理念は「自然が育んだ元気野菜で地産地消を推進する」、農業事業理念は「環境に配慮した農業を推進する」である。もちの館と花むらさきの事業理念は「大原らしい食材で安心・安全な食を提供する」であり、交流イベント事業理念は「地域文化の交流ともてなしの場の創造」である。事業の牽引役を果たした初代社長・宮﨑良三氏の「大原の里の良さは農地によってもたらされるものであり、この良さを守るためには儲かる農業を展開し、農業を活性化させる必要がある」という思いの結実であった[17)]。

（３）　地域内経済循環の創出

農産物直売所に関する「田代亨の分析法」（田代 2004；田代 2005）で資金流通の地域的エリアを解明し、里の駅大原が地域内経済循環の創出に寄与していることを明らかにする。分析法の考案者である田代氏は、直売所が資本と同様に価値循環を生み出すか否かについて、以下４つの視点による分析を定式化した。すなわち、第１に売上エリア、第２に調達エリア、第３に賃金・給与支払エリア、第４に利潤の費用化部分の地域的エリアである。具体的には、第１では、地域外から地域内に資金をもたらす機能を果たしているか、第２では、地域内の資源を販売する機能を果たしているかを問う。そして第３では、雇用されている従業員が地元住民であるか、第４では、利潤の費用化部分から生み出される金融費、管理費、その他費用が地域内にとどまっているかを分析する。本項では、４つの視点のうち、詳細なデータの入手が難しい利潤の費用化部分の地域的エリアを除く３つの視点で、直接販売による地域内経済循環の創出を把握する[18)]。なお、分析に際しては、株式会社大原アグリビジネス21から内部資料の提供を受けるとともに、運営に関する聞き取り調査[19)]と消費者へのアンケート調査[20)]の両結果を併用した（表７－３）。

まず、売上エリアについては、大原地域の利用者は１割に満たない数であり、京都市の利用者が約35％で最多を占め、左京区の利用者が約28％でこれに次いだ。京都市を除くと、京都府内からの利用は少なかったが、京都府

表 7-3 「里の駅大原」の資金流通エリア

地域	売上エリア		調達エリア		賃金・給与支払エリア	
	金額（千円）	割合（%）	金額（千円）	割合（%）	金額（千円）	割合（%）
大原地域	15,065	9.1	156,750	95.0	25,698	87.3
左京区	45,913	27.8			3,751	12.7
京都市	58,109	35.2	8,250	5.0	0	0.0
京都府	3,587	2.2	0	0.0	0	0.0
府外	42,326	25.7	0	0.0	0	0.0
計	165,000	100.0	165,000	100.0	29,449	100.0

（資料）運営主体への聞き取り調査、利用者アンケート調査より作成。
（注 1）売上エリアは、2011 年度の POS データによる年間販売額と年間来客者数から 1 回当たりの購入額を算出し、アンケート調査の結果と組み合わせて推定。
（注 2）調達エリアは、「里の駅大原」提供資料の地場産品比率 95%から推定。
（注 3）賃金・給与支払エリアは 2014 年 8 月の実績に基づいて算出。

外からの利用が約 26%を占めた。この背景として、車で約 30 分の距離にある滋賀県大津市の利用者が多いことが挙げられる。大阪府や兵庫県の利用者も一定数見られ、観光地たる大原地域の特徴の現れと理解できる。消費者は購入の際に「鮮度」や「価格の安さ」を重視し、収穫されたばかりの農産物や加工食品等が販売される直売所の長所を高く評価した。消費者へのアンケート調査によると、月に 2 ～ 3 回利用する消費者が約 27%で最も多く、次いで月に 1 回利用する消費者が約 19%を占めたことから、リピーターの多さを見て取れた。したがって、里の駅大原は、地域外から地域内に資金を流入させる機能を果たしているといえる。

次に、調達エリアについては、加工品の一部は仕入品であるが、大原地域からの出荷が実に 95%を占めた。大原地域には「大原に戻ってきたら大原党」という合言葉があり、ひとつの地域としてまとまって活動しようとする地域力が古くから存在する。地域の団結力や連帯力を基盤にして、里の駅大原の構成員は、「高齢者が小さな農業をやりながら作ったものを少量でも売って、なおかつ地域の田畑も保全していこう」という展望を開設時に共有したのである。そのため、京都市や京都府外からの出荷希望もあるが、積極的に受け入れることを拒否して地域外の仕入品を極力減らし、地域資源の販売を第一優先としている。したがって、里の駅大原は、地域内から商品を調達する機能を担い、地域内で資金循環を創出しているといえる。

最後に、賃金・給与支払エリアについては、従業員の賃金・給与の約87%は、住民に支払われていた。すなわち、28人のパートタイム労働者のほとんどは大原地域の住民のため、賃金・給与として支払われる資金は、先駆けて地域内に供給されうる。彼らの中には、地元の主婦や地域外に勤めに出ていた女性を中心に、新たな地域活性化事業の高まりを受けて、率先して大原の地域づくりに貢献したいという思いから、仕事を辞めて里の駅大原の運営や出荷に携わるようになった住民が少なくない。民間企業に乏しい農村地域において、直接販売が雇用の場を提供する機能を果たす範例である。また、現在の売上エリア、調達エリア、賃金・給与支払エリアの維持拡大は、今後の盤石な組織経営と持続的な地域づくりに資するものである。

4　直接販売の経済的・社会的効果

(1)　住民の総合評価

住民へのアンケート調査では、回答者の基本属性である性別、年齢、職業に加えて、「里の駅大原を知っているか」「里の駅大原を利用する頻度」「里の駅大原開設後における地域の生活環境の変化」「里の駅大原開設後における生活の質的変化」の計4点を質問した。里の駅大原開設後の変化については、[良くなった][やや良くなった][変わらない][やや悪くなった][悪くなった]の5段階で評価してもらった。アンケート調査及び聞き取り調査の結果の概要は、表7-4の通りである。

回答世帯71世帯における回答者の平均年齢は約64歳で、男性が27人、女性が44人であった。里の駅大原の利用について、[無回答]あるいは[利用したことがない]と回答したのは4世帯のみであり、多くの世帯は里の駅大原を定期的に利用していた。開設の効果の回答内容は、[金銭収入]が13世帯で最多であり、[観光振興]が9世帯、[買物利便性]が8世帯、[憩いの場]が5世帯、[好循環]が5世帯となった。また、株主が14世帯、会員が16世帯であった。なお、里の駅大原を知らない住民は1人もいなかった。

表 7-4　大原地域における住民の概要と里の駅大原開設の評価

世帯番号	集落	回答者	職業	頻度	評価	関連
1	草	F75	無職	月 1	買物利便性	—
2	草	F67	無職	半 1	雇用の確保、観光振興	—
3	草	F58	無職	週 1	—	会員（木工品）
4	草	M77	無職	月 1	買物利便性	株主
5	草	F57	アパレル	半 2 ～ 3	つながりの創出	株主
6	草	F62	会社事務	週 2 ～ 3	好循環	株主、会員（手工芸品）
7	草	M66	自営	月 1	—	—
8	戸	F69	無職	月 2 ～ 3	好循環、金銭収入	株主、会員（野菜、米）
9	戸	F86	無職	半 1	金銭収入	会員
10	戸	F70	無職	週 1	—	株主、会員（野菜）
11	戸	F63	会社員	月 2 ～ 3	憩いの場	—
12	戸	M77	無職	半 1	観光振興、好循環	—
13	戸	M65	自営	半 1	—	—
14	戸	F60	無職	半 2 ～ 3	—	—
15	戸	F41	自営	月 2 ～ 3	買物利便性、憩いの場	株主、会員（花卉）
16	戸	M44	自営	月 1	—	—
17	井	F51	無職	週 2 ～ 3	金銭収入	会員（野菜、米）、15
18	井	F79	農業	月 1	好循環	株主、会員（野菜、加工品）、30
19	井	M75	無職	—	—	—
20	井	F85	農業	月 1	買物利便性、金銭収入	—
21	井	M64	無職	※ 1	—	—
22	井	F76	農業	月 1	金銭収入	会員（野菜、卵）
23	井	F70	無職	半 2 ～ 3	観光振興	—
24	井	F74	農業	週 1	—	株主、会員（野菜）、10
25	井	F80	無職	半 2 ～ 3	—	—
26	野	F60	事務員	週 2 ～ 3	憩いの場	株主、会員（野菜）、2.3
27	野	F61	会社事務	週 1	金銭収入、好循環	株主、会員（野菜、米）、80
28	野	M50	会社員	—	—	—
29	野	M73	林業	半 1	休耕田の減少	—
30	野	F69	無職	半 1	—	—
31	野	F77	無職	半 1	金銭収入	株主、会員（野菜、薪）
32	野	M26	僧侶	週 2 ～ 3	—	—
33	野	F54	会社事務	月 2 ～ 3	買物利便性	株主
34	上	F55	主婦	半 2 ～ 3	—	会員（野菜）
35	上	F67	主婦	半 2 ～ 3	—	—
36	上	F62	主婦	月 2 ～ 3	買物利便性	—
37	上	M43	農業	※ 2	買物利便性	—
38	上	F81	無職	※ 2 ～ 3	—	—
39	上	M76	無職	月 2 ～ 3	—	—
40	上	F47	主婦	月 2 ～ 3	買物利便性	—

41	上	F65	主婦	月１	振り売りの減少	―
42	上	F50後	会社事務	月１	憩いの場	―
43	上	F55	教員	半１	金銭収入	会員（野菜、米）、40
44	大	M68	教員	半１	―	―
45	大	M78	自営	半１	つながりの創出	―
46	大	M65	無職	半２～３	―	―
47	大	M80	農業、造園	半１	金銭収入	―
48	大	F20後	会社員	月１	観光振興	―
49	大	F65	無職	※５	―	―
50	大	F85	無職	半１	―	―
51	大	F40後	会社員	半１	―	―
52	大	M66	無職	月２～３	観光振興	株主
53	大	F80	無職	半２～３	―	―
54	大	M75	無職	月２～３	―	―
55	大	M48	会社員	週１	観光振興	―
56	来	F60後	無職	半２～３	―	―
57	来	M74	無職	月１	―	―
58	来	F50	主婦	なし	観光振興	―
59	来	M76	農業	週２～３	好循環、金銭収入	株主、会員（米、野菜）、10
60	来	M75	無職	半１	―	―
61	来	F55	主婦	年１	金銭収入	―
62	来	F36	主婦	週２～３	観光振興	―
63	来	F53	自営	※５	―	―
64	来	F68	寺社事務	半１	―	―
65	勝	M65	無職	半１	金銭収入	―
66	勝	F86	無職	半２～３	憩いの場	―
67	勝	F50前	会社事務	週２～３	雇用の確保	―
68	勝	M76	無職	なし	金銭収入	―
69	勝	M66	自営	半２～３	観光振興	―
70	勝	M29	無職	半１	―	―
71	勝	M67	造園	月１	―	―

（資料）アンケート調査及び聞き取り調査より作成。

（注１）集落は順不同で「草」は草生町、「戸」は戸寺町、「井」は井手町、「野」は野村町、「上」は上野町、「大」は大長瀬町、「来」は来迎院町、「勝」は勝林院町。

（注２）回答者について、Ｍは男性、Ｆは女性、数値は年齢。

（注３）頻度について、「半１」は「半年に１度の頻度で利用する」、「※１」は「これまでに１度だけ利用した」ということを意味する。

（注４）備考欄の関連について、括弧内は里の駅大原に出荷している商品、数値は里の駅大原への出荷に関連した耕地面積（単位：ａ（アール））。

開設後の地域の変化に関する回答では、5段階評価のうち［やや悪くなった］［悪くなった］は皆無であり、「里の駅大原開設後における地域の生活環境の変化」は［良くなった］が29世帯（41%）、［やや良くなった］が20世帯（28%）、［変わらない］が22世帯（31%）となった。同様に、「里の駅大原開設後における生活の質的変化」は［良くなった］が14世帯（19%）、［やや良くなった］が20世帯（28%）、［変わらない］が38世帯（53%）となった。「里の駅大原開設後における生活の質的変化」が［変わらない］の回答が過半数を占めた点を見落とせないが、この回答を選ぶ住民ほど利用頻度は少ない傾向にあり、彼らの多くが挙げたのは「野菜は自給自足しているから」（世帯番号「13」「21」「28」「35」「38」「45」「51」）や、「スーパーで購入しているから」（「16」「29」「50」「60」「71」）といった理由であった。

他方で、彼らの一部は、里の駅大原の課題も述べた。例えば、「肉や魚など中心となる食材がないために利用する機会が限られる」（「36」「39」「53」）といった農産物直売所の性格からして対応が容易ではない要求も見られた。しかしながら、「品数が少ないので午前中に売り切れてしまう」（「38」「64」）や「スーパーよりも価格が高い」（「38」）など、限定的にせよ改善の余地が考えられる要求まで幅広い意見を集約することができた。

住民へのアンケート調査によると、「里の駅大原開設後における生活の質的変化」については［変わらない］が過半数を占めたが、「里の駅大原開設後における地域の生活環境の変化」については［良くなった］が最多となり、［やや良くなった］と合わせると7割近くに上った。いずれにしても、［やや悪くなった］及び［悪くなった］が皆無であったことから、里の駅大原の事業が住民の支持を集めていることが明らかとなった。なお、並行して実施した聞き取り調査[21)]の分析では、里の駅大原の開設によって買い物の利便性の向上や金銭収入の確保、住民の憩いの場の形成という点で、経済的・社会的効果が生まれたことが示された。そのうえで、多様性を担保する機能による生活空間の拡充も明らかとなった。次項以降で詳細を把握することにする。

（２） 住民生活の質的向上

里の駅大原の開設によって、大原地域の住民の生活の質はどのように変化したのであろうか。現在でも、大原地域内で食料品を購入できる店は限られるため[22]、住民の多くは滋賀県大津市や京都市左京区や京都市北区周辺のスーパーマーケットに買いに出かけるか、生協で共同購入して家まで配達してもらっているとされる。このため、里の駅大原を“食料品を購入する店”と捉えることで、買い物の利便性の向上についての言及があった。

「地元でできたものを買える店ができたことは画期的だと思います。年寄りの２人暮らしなので、そう遠くには買い物には行けませんから。近いところに店ができたので、生活は以前よりも楽になったことは確かです。」（世帯番号「１」）

「この近くで気軽にぷらっと立ち寄れる店が以前はなかったので、そういうことでは他の店の見本になっているのではないかと思います。」（「４」）

「地域で新鮮な野菜が手に入るのは良いです。市内のスーパーで高いと思ったときに、里の駅大原だと農家の方が設定しているので、安く買えるときもあってお得だと感じました。」（「15」）

「大原のものを買える店ができた効果は大きいですね。すぐ近くにあるので、料理していて追加で欲しい食材が出たときにすぐに買いに行けます。」（「37」）

「下（京都市街）まで野菜などを買いに行かなくなりました。日用品の買い物以外にも、遠方の友人を訪ねる際の手土産を買える店としても重宝しています。」（「40」）

また、里の駅大原を“農産物の出荷先”と捉えることで、少量であっても農産物を出荷すれば金銭収入が得られるようになった点を強調した。歴史的にも大原地域には専業農家がほとんど存在せず、販売農家の大半は第二種兼業農家である。しかし最近では、兼業農家や自給的農家、非農家までもが、里の駅大原の恩恵を受けようと、積極的に農地を耕すようになった。さらに、里の駅大原の開設を聞き付けて、地域外の若者が大原地域に住み着き、農業に励むようになるという新しい動きも指摘されるところである。

「最近、若い人が大原に住むようになっているという話を聞いたことがありますけど、彼らは農業をやりに来ているようです。大原で作ったものを売れる里の駅大原の効果でしょう。」(「４」)

「大原は水がいいから良質な野菜ができます。しかし、これまでは休耕田が多かった。作っても自宅で食べるだけで、あとは近所の人に配るか、それでも余ったら畑の肥やしにするしかなかったからです。今は作って余れば売れるし、無駄なことはひとつもなくなりましたね。特に土日は出しただけ収入になると聞いています。」(「９」)

「たまたま家の近くの1.5反ほどの農地が手に入ったので、昨年から休みの日に農業をするようになりました。里の駅大原への出荷といってもジャガイモを作って出すぐらいですが、里の駅大原がなかったら絶対にこんなことはしないですね。やっぱり小銭程度でもやっただけ収入になりますから。」(「17」)

「昔この辺りに住んでいた人は、会社勤めや公務員の家でも食べる分は自分ところの畑で自給自足していて、採れすぎたときは仕方なく畑の横に捨てたりしていましたが、それが全くなくなって、わずかな量でも売れるようになりました。」(「20」)

ところで、「27」は里の駅大原の運営と出荷に関わっている経験から、その開設の効果を軽妙に語った。

「８反ほど土地があって昔から農業をしていますが、以前なら収穫した農産物を業者に販売する以外では、自家消費するか近所に配って回るか、捨てていましたね。“大原で作ったものを大原で売れる”というのが何より大きいです。里の駅大原が開設してからは、知っているだけで

30代から40代の若い夫婦の4世帯が地域外から大原に住むようになりました。みなさん大原の環境に合わせて農業をすることが目的で、里の駅大原に精力的に出荷しています。」(「27」)

「色々なものを作って出荷すれば売れるというのがすごい。昔は家で食べるだけを作っていたが、今は多めに作って余る分を里の駅大原に出す計画が立てられます。」(「31」)

「開設以前は、米を知人に直接販売する以外ではJAに出荷していたのですが、開設以降は里の駅大原に出荷するようにしました。出荷のためのハードルは高いですが、JAに出荷していた頃と比べて倍額にはならないにしても販売収入は確実に増えました。」(「43」)

無論、里の駅大原は、地場産品を売り買いする場として機能しているだけではない。眺望の開けた地域の中心部に立地し、レストランや貸農園などが整備され、地域行事の場や住民が気楽に集える“憩いの場”としても機能している。例えば、次のような指摘があった。

「休みの日に子どもや孫を連れて散歩に出て、立ち寄れる距離のところに里の駅大原があるので助かっています。」(「11」)

「遠方の友人が大原に来てくれたときは、こんなところがあるんだよと気軽に案内できる店ができました。交流の場としてもとても満足しています。」(「15」)

「里の駅ができてからは周辺の年寄りが早朝の散歩がてら店に立ち寄って、コーヒーを飲んでいる姿を見かけるようになりました。地域の憩いの場として、とてもよく機能しているのではないでしょうか。」(「26」)

「離れて暮らしている子どもが帰省したときには、自然豊かな癒やしの環境で食事ができます。そういう点では、行楽地としての意味合いのほうが強いと感じています。」(「42」)

「寺社関係で全国に大勢の弟子がいるのですが、彼らが京都を訪ねてきたときに里の駅大原を案内しています。買い物してそのあと食事ができるのがいいですね。休憩所として役立っています。」(「66」)

以上のように、里の駅大原が開設されたことで、大原地域の住民は多様な生活の質的向上に言及した。

(3) 地域の多様性と生活空間の拡充

前項では、里の駅大原の開設が住民の生活の質を向上させた詳細な内容を明らかにした。具体的には、買い物の利便性の向上、農産物生産による金銭収入の確保、住民の憩いの場の形成という3点の特長が指摘された。これら住民が感取する生活の質的向上に加えて、住民が里の駅大原で活動することで、地域に多様性や社会的な好循環が生み出され、地域が緩やかに発展する仕組みが醸成されている。こうした動向に先立つ言及として、1999年の大原農業クラブの立ち上げから、里の駅大原の開設と現在の組織運営、農産物の出荷まで関与してきた「18」の語りが重要である。この女性は、数十年前に全国的に流行して地域で結成されたカラオケ会を大原農業クラブの前身に位置づけたうえで、次のような段階的な経緯を述べた。

「地域の気の合う仲間が集まって週1回の頻度でカラオケ会を開くようになったのですが、歌の合間には農業のことばかり話していましたね。そこで農業の情報交換をするようになってからは作る量が増えていって、家では食べきれないからJAの近くで売ったらどうかという話になった。その後は大原で農産物を作っている人に声をかけて、30戸以上が集まりました。国道沿いで日曜日の早朝に朝市を開くようになったのですが、みんなが農業に力をいれるようになって、出荷者が増えて売る量が増えてお客さんも増えていった。売場面積も駐車場も足りなくなったんです。それからはとんとん拍子に話が進んで里の駅大原ができました。今では地域外の若者までが大原で農業をするようになりましたよ。」

ここでは現実的に、カラオケ会がきっかけとなって朝市が生まれ、朝市を土台にして里の駅大原が開設されたように、外来の主体による発展力ではなく内発性を端緒として当該事業が伸展してきた一面が、開設者の視点で述べられていて興味深い。このほか、開設前と比較して、開設後に地域社会が好転している諸相に関するいくつかの指摘も聞けた。

「ナスひとつとっても、例えばゼブラナスのように、以前は見ることがなかった品種が地域で作られるようになりました。昔の大原で作られていたのは、ジャガイモならメークインといったようにどこにでもある品種でした。それが、里の駅大原ができてからは品数を増やせというもんだから、みんながいろいろと工夫して珍しいものを出すようになったんです。それでお客さんも地場物でなおかつ珍しい商品とみてすかさず買っていく。地域がいい方向に回っていると感じています。」（「６」）

「昔は畑を荒らしちゃいけないから無理やり耕して何か作っていたわけですが、今では気持ちが逆になりました。最初の頃は、里の駅大原のやり方に地域の人はみんなびっくりして、もっと最近の話では稼ぐために農業をやっている人がいる。地域の中では賛否がありますが、昔のこの地域の農業はJAにいわれたことをやっていただけでした。今は農家が考えて農業するやり方で地域がとても潤うようになったことも事実です。」（「12」）

「里の駅大原ができてから生活はとても良くなりました。早朝出荷して夕方に残品の回収に行くのですが、その際に他の出荷者と顔見知りになって色々なことを話すようになったことです。出荷仲間から大きな刺激を受けて毎日が楽しいです。大原では、農家といっても昔から兼業農家がほとんどだったので、農地は豊かですが農業は習う側の立場ですね。もっといえば、昔は米づくりばかりで野菜を作って売ることはしていませんでしたので、私も野菜づくりは今年でようやく３年生なんです。里の駅大原ができてからは上賀茂の専業農家が参加するようになりましたので、店頭で彼らと知り合いになって情報交換し、賀茂なすなど京野菜の作り方を学んでいます。」（「59」）

以上のように、里の駅が開設されたことで、住民の主体的な従事による多様な活動が展開されて社会的な好循環が醸成され、大原地域の生活空間が拡充した。

5 小 括

本章は、京都市左京区大原地域に立地する「里の駅大原」の事例から、直接販売による地域内経済循環の創出と社会的な効果を明らかにした。

大原地域は、幼年層及び青少年層は流出する反面、超高年層や高年層は流入する傾向が続き、高齢化率は約50%である。主産業である観光業を含めて地域産業の衰退傾向が続き、観光客数はピーク時の3分の1にまで落ち込んでいる。こうしたなかで、1990年代後半を起点に、既存の観光資源によらない農業を軸とした地域づくりが興隆し始めた。定年帰農者のグループが始めた朝市を母体として、地域住民が主体的に継続した農業運動が、里の駅大原の開設に結実した。

里の駅大原開設の経済効果を「売上エリア」「調達エリア」「賃金・給与支払エリア」の3つの視点で分析した結果、地域内経済循環の創出に寄与したことが明らかになった。里の駅大原開設の経済的・社会的効果について、住民へのアンケート調査及び聞き取り調査によって検討した結果、買い物の利便性の向上、金銭収入の確保、憩いの場の形成という点で、住民の生活の質の向上が示されるとともに、多様性を担保する機能によって生活空間が拡充したことも明らかになった。

農村活性化に直結する取組は何よりも農業の継続であり、農家や住民の勤労を鼓舞するためには、農産物を生産することで少量でも金銭収入が地域と住民に還流することに尽きる。直売所は、自ら生産した地域資源を自由に売り買いできる場となるばかりでなく、住民が交流する場としても機能し、住民の主体性に基づく多様な活動によって生活空間を拡充しうる。経済性と社会性の両面において、農村の地域づくりを成功に導くためには直接販売が肝要と考えられる。

第8章

ファーマーズ・マーケットにおける内発的発展とクリエイティビティ

―愛知県大府市の「JA あぐりタウン げんきの郷」の事例―

1　本章の課題

本章の課題は、愛知県大府市に立地する都市農村交流複合施設「JA あぐりタウン げんきの郷」（以下、げんきの郷）と、この施設内の「ファーマーズ・マーケット はなまる市」（以下、はなまる市）を取り上げ、出荷会員の生産意欲や技量の変化、商品の価値向上の過程を明らかにすることである。本章の分析によって、人間の成長、住民の個性的な力量の顕在化に資する直接販売の機能の一例を示す。

近年、多様な農産物の流通チャネルが、日本のみならず海外でも顕著な発展を遂げている。北米大陸におけるファーマーズ・マーケットの興隆の背景を分析した既往研究には、従来の食糧供給オプションの問題を危惧する消費者が支持する消費サイドの動向の研究（Feagan and Morris 2009）に加えて、地域における小規模農家が出荷する際の選択肢として機能している生産サイドの動向の研究（Feenstra et al. 2003）がある。共通の価値観の中に埋め込まれた経済のもとで、柔軟なファーマーズ・マーケットがインフォーマル経済の文化的アイデンティティとなり、新たな市場が市民に提供される社会的意義が指摘された（Bubinas 2011）。日本国内の既往研究では、卸売市場流通を中心とする従来型の流通チャネルと照応させて、農産物直売所の存在意義や成長要因が検討された（木村 2010）。つまり、巨大かつ硬直的な流通チャネルと比べて、ロットサイズや継続性、選別・調整基準など、出荷にかかる制約が比較的緩やかなことで、生産者の高齢化が進む都市近郊地域における存立意義や、地域農業振興に果たす役割が示された。

他方で、従来の流通チャネルの課題を補完する機能もさることながら、直接販売の本質的な特長に興隆の背景を見出そうとする研究もある。例えば、アメリカ合衆国では、金銭的な価値尺度の浸透を図るグローバル化への懸念から、ローカルの重要性を文化の基点で提起した論考がしばしば見られ、商取引の物理スペースとしての意義のみならず、ファーマーズ・マーケットの文化的原動力としての意義が提起された（Andreatta and Wickliffe 2002）。また、先のブビナスの研究も、文化に着目した点でかかる論調と軌を一にしている。これらの研究は、こうした活動に内在する知識経済に関する価値に着目したものであるが、いみじくも人的成長という価値創造に資する機能に着目した研究は、国内でも一定量の蓄積がある（服部ほか 2000；住本 2003；飯田ほか 2004；益崎・山路 2010）。ことに、飯田耕久らの研究（飯田ほか 2004）では、地元生産者の結びつきが直売所を通じて強化されたことが要因となり、会員の営農意欲が全体的に向上したことが明らかにされた。一方、アメリカ版の地産地消活動とされる CSA（地域支援型農業）では、共通理念でつながるコア・グループを結成した全米各地の協力し合える地域住民らは、共同体の一員としての意識やコミュニケーションを促進させる手段としてだけでなく、地元に根を張った市場ネットワークの形成によって、農業を土台とした経済発展を図る手段としてもそれを位置づけている（Henderson and Van En, 2007）。

ここで、ファーマーズ・マーケットに関する既往研究の中でも、会員の経験まで踏み込んで詳説したグリフィンとフロンジロ（Griffin and Frongillo 2003）は、注目に値する知見を提供している。すなわち、卸売の競争価格での販売に適した出荷量をもたない小規模生産者の収益性と利便性が守られるばかりでなく、顧客の気を引くための商品差別化の一般合意のもとで、会員同士が協力し影響を与え合うことで商品力を高められる強みに論及している。

彼らの研究は、日本国内における直接販売の興隆の背景を考察するうえで示唆に富むものである。しかしながら、国内のファーマーズ・マーケットや直売所に関する既往研究については、地域経済への直接効果や経済波及効果を捉える構造的な分析[1)]は盛んに行われてきたが、個々の会員の活動と経験に踏み込んで検討された研究はいまだ少ない。

上記の研究課題に取り組むために、事業内容に関する聞き取り調査と、会員に対するアンケート調査及び聞き取り調査を行った。事業内容に関する聞き取り調査は、2013年8月に最高経営責任者O氏を対象として実施し、会員に対するアンケート調査及び聞き取り調査は、同月中旬から下旬にかけて、商品搬入に訪れた会員に「げんきの郷」の敷地内で調査票を配布し、その場で記入してもらう直接面接で実施して127会員から回答を得た[2)]。

2　大府市と「げんきの郷」の現段階

（1）地域と地域農業の概況

「げんきの郷」が立地する愛知県大府市は、太平洋に面した県西部の知多半島に位置する。北部は名古屋市、東部は三河地方、南部は知多半島にそれぞれ接し、古くから交通の要所として栄えた。戦後、愛知用水の開通によって園芸用地の多くは住宅地へと変貌を遂げたが、大府市北部の丘陵部には広大な農地が残存し、名古屋市に隣接して近郊農業が行われ、JAあいち知多[3)]が知多半島の5市5町[4)]を営業エリアとしている。人口は、大府市が約8.5万人、5市5町の合計は約61.5万人に上っている（2010年国勢調査）。

宅地開発の進展によって、特に知多半島北部は兼業化が進み、販売農家4078世帯のうち約57%の2309世帯が第二種兼業農家である。2011年の愛知県の農業産出額は、2948億円で都道府県別の順位では全国6位に位置し、品目別では花卉が1位、野菜が5位、乳用牛が6位、鶏卵が8位に入り、園芸、畜産部門はいずれも全国上位を占めている。農業産出額を見ると、愛知県の農業産出額に占める比率は、野菜が35.1%、畜産物が26.9%でこれに次ぐ。そのうち、知多半島における約409億円の農業産出額に占める比率は、畜産物が31.7%、花卉が15.1%で高シェアとなり、野菜は14.9%にとどまっている点が特徴である。知多半島の農家比率を見ると、専業農家は29.6%、第一種兼業農家は13.8%、第二種兼業農家は56.6%で、愛知県の平均と比較して専業農家の比率が高い[5)]。また、地域の高齢化は確実に進行しており、農業就業人口のうち65歳以上が占める割合は、愛知県平均を上回る約62%となっている(2010年農林業センサス)。

(2)「はなまる市」の概要

愛知県農林政策課の調べでは、県内に立地する農産物直売所298組織のうち49組織が、知多半島に集積している(2013年)。なかでも、「はなまる市」は、JAあいち知多が100%出資した「げんきの郷」の直売事業として、2000年12月に開設された。10年を経て、全国のJAが運営する直売所のなかで最大規模を有する23.7億円(2011年)の年間販売額を計上した。パン工房「できたて館」やレストラン「だんらん亭」、温泉施設「めぐみの湯」などの併設施設を含めると、「げんきの郷」の総計は約32.6億円もの規模となる(2011年度)。

会員登録中の647会員[6)]の年代構成を見ると、70代が29%で最多を占めた。これに次いで60代が27%、50代が17%、40代が12%、80代が9%の順で、60代以上の出荷会員が65%を上回った。居住地を市町村別で概観すると、大府市が212人、東浦町が78人、東海市が150人、阿久比町が102人となり、2市2町だけで全体の86%を占めた。「げんきの郷」の建設計画が合併前の旧JA東知多によって推進されたため、そのエリアの会員が多いことによるが、歳月を重ねるとともに知多半島全域から会員が集まるようになった。世帯単位での販売額が非常に高いことが大きな特徴で、2012年度については、年間販売額が1000万円を超える会員は16会員、2000万円以上が3会員、3000万円以上が8会員に上った。

(3) 事業目標と運営方策

「げんきの郷」の資金造成に関しては、JAあいち知多の総代会決議によって８年をかけて計画的に積み立てられ、施設整備に関する総事業予算は34億円に上った。計画の背景には、名古屋市に隣接する立地特性を生かした農業こそを今後の地域農業の生きる道とし、地域住民の支持と理解を得られる健康をテーマとした「アグリルネッサンス構想」の策定がある。「農と食、環境と福祉、文化をテーマとした健康・安全の地域づくり」というスローガンに依拠し、施設の事業目標は以下５点である。第１に、土づくりを基本とした持続性のある有機農業の実現、第２に、生産から加工・流通・販売・消費に至る食一環システムの構築、第３に、農業を核とし、商・工・観光等とも連携した地域複合（６次）産業の形成、第４に、自然生態系（エコロジー）と人間生活（エコノミー）が調和した農業・農村文化の再生、そして第５に、人生80年時代をすべての人々が健やかに生きる社会（少子高齢化社会）への対応である。

「はなまる市」は、地産地消活動の発信基地として、「げんきの郷」の中核事業に位置づけられる。多様な農畜産物の提供を通じて地域農業の活性化を図る目的で、運営方策は以下４点である。第１に、良質を基本とした多品目・年間安定出荷への取組強化と量的拡大に向けた生産誘導、第２に、情報発信型事業の展開による事業活性化、第３に、直売事業機能の強化によるサービスの充実、第４に、良質を重視した生産者出荷組織の対応強化である。組織の持続的な運営に取り組むために、端境期の品揃えの充実を企図して全国の優良産地と業務提携を結び、端境期を中心に地域外からの仕入品も展開する。地場産品の出荷量を確保する重要性から、農畜産14部会を中心に会員に対して年間計画で農産物の作付けが依頼され、加工品も含めて400種類の商品が販売される体制が構築された。入会金や年会費などはなく、会員登録すれば16％の販売手数料のみで商品出荷が可能となる。

早くも開設の１年後には、利用者会員組織「げんき会」が募られ、2012年度現在において５万8000人を超える利用者会員が集まった。利用者会員の居住地の内訳は、名古屋市が約１万5500人、大府市が約9100人、東海市が約6800人、東浦町が約6000人であった（2012年度）。利用者会員へは定期的にダイレクトメールが送付され、限定のイベント案内や特売情報などが通知される。毎年、利用者会員から40世帯を選出して運営主体や会員を交えた代表者会議が開かれ、農業体験学習などを通じた各主体間の意思疎通を行う。会員は取組内容や生産や出荷に際しての課題などを伝え、利用者会員は継続的に利用するための要件や要望を挙げることで、地域農業への理解を照応させながら従来以上の組織運営が図られている。

3　伝統の再創造と人間の成長

（1）出荷会員の類型と概要

出荷会員の概要と生産出荷活動の詳細を把握する目的で、アンケート調査及び聞き取り調査の結果を配列した。その際、内発的発展論における伝統の再創造の概念を援用し、127会員を2つの型に分類した[7)]。概括すると、「CO（convention）」は卸売市場流通やJA共同販売を中心とする従来型の流通チャネルへの出荷を志向する会員、「CR（creation）」は多様な流通チャネルへの出荷を志向する会員である。分析対象とした127会員の内訳は、前者が81会員、後者が46会員となった。なお、これらの会員の平均年間販売額は約1270万円に上り、そのおよそ3分の1は、「はなまる市」への出荷分を含めて農産物直売所やファーマーズ・マーケットなどへの直接販売が占めた。

「CO」の会員の約4割、「CR」の会員の約3割は「直売専業農家[8)]」である。農業専従者が2人の会員は68会員で過半数に達し、農業専従者が1人の会員は18会員に上った。いずれも高齢農業者の会員が多数であったが、会員の年間販売額は千姿万態で、法人の実績も含めると1億円の最高額から5万円の最低額までの差があった。その他の情報として、最高齢会員は81歳の妻と2人で出荷に励む86歳の副業的農家、自宅・農地からはなまる市までの平均所要時間は約13分、個選農家が7割、後継者の不在を指摘した会員が7割であった。実践を引用した40会員の概要を表8－1にまとめた。

（2）直接販売による小規模生産者の再起

アンケート調査の回答者のうち、聞き取り調査ができた出荷会員の中から

表8-1　出荷会員の概要

会員	型	農家分類	専従者		年間販売額(万円)		作付品目と面積(a)	片道時間(分)
			男性	女性	全体	直接販売	0　50　100　150　200　250	
①	CO	主	55	46	300	300		10
②		副	69	66	500	500		10
③		主	66	65,39	150	150		20
④		副	79	73	500	500		20
⑤		副	72	69	400	400		5
⑥		副	79	74	200	200		15
⑦		主	57	60	500	500		15
⑧		主	82,54	47	1,000	500		30
⑨		主	65,33	61,33	500	400		5
⑩		主	63,24	63	1,300	1040		20
⑪		主	78,48	71,38	2,000	1,200		7
⑫		副	75	71	250	200		5
⑬		副	65	65	100	50		15
⑭		副	70	67	800	700		5
⑮		主	60	54	1,000	500		10
⑯		準	84,55,27	77,39	1,000	500		15
⑰		主	63	62	250	130		25
⑱		主	–	60	100	90		20
⑲		主	66	61	1,000	200		15
⑳	CR	準	45	70	400	400		5
㉑		主	56	52	1,000	1,000		5
㉒		副	74	70	450	450		5
㉓		副	72	67	100	100		5
㉔		準	57	22	180	180		15
㉕		副	–	65	300	300		3
㉖		主	69,36	64,36	1,400	560		10
㉗		主	75,35	70	2,000	50	水稲 2,000a	15
㉘		主	49,23	48	5,000	800–900		10
㉙		主	39	70	1,000	400		10
㉚		-	企業2人		50,000	10,000		10
㉛		主	54,30	76,54,31	1,500	150		3
㉜		主	69,43	40	8,000	2,000		15
㉝		主	74,39	69	3,000	2,000	＋水稲 2,700a	25
㉞		主	77,48	73,40	1,200	600		5
㉟		副	71	67	500	300		15
㊱		準	企業7人		3,000	2,000		10
㊲		主	75,48	70	不明	50%	＋水稲 500a	15
㊳		準	60	60	300	250		25
㊴		主	61	59	100	50		15
㊵		主	60	57	1,300	800		10

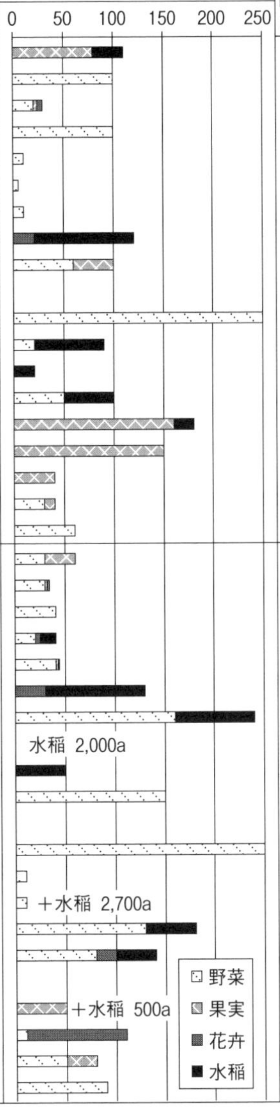

凡例：野菜　果実　花卉　水稲

(資料) アンケート調査より作成。
(注) 会員⑩は養蜂とシイタケ（原木1万本)、会員㉘は鶏卵（1万7,000羽)、会員㉚は肉類加工、会員㉜は鶏卵（2万羽)、会員㊱はシイタケ（菌床4万8,000個）を生産。

40会員の実践に着目し、前項の2類型に従って各々の会員の参入要因や生産出荷活動の特徴を列叙した。聞き取り調査の際には、農業や農産物流通に関する従来型の伝統が再創造されていく過程に着目し、農業経営に関する具体的な変化や、自覚しているスキルアップなどを尋ねて、回答を書き留めた。以上から、直接販売における会員の取組内容や人的成長を概括し、「はなまる市」の興隆と地域活性化の展望を述べる。

分析の結果、前項で述べたように、「CO」の会員が比較的多く見られた。彼らの多くは、小規模生産者や耕地面積の小規模化が進行中の生産者、あるいは新規就農者で構成され、直接販売への参入要因として高齢を挙げた生産者が見られた。収穫から出荷までの間に求められるハードワーク、すなわち選別・包装・荷造り等に関する生産出荷活動の課題も挙げられた。それら複数の課題が重なることで、従来の流通チャネルへの出荷が難しくなったことから、直接販売に活路を開くようになったことが述懐された。析出された課題は、次のようである。

まず、高齢による体力の低下を理由に、直接販売に参入した会員の存在が挙げられる。つまり、農産物の生産・出荷に従事するに当たって、従来型の働き方が大きな負担になったという内実がある。

例えば、かつてはJA共同販売に従事していた会員②は、体力的な問題から昔のように広い土地を耕作できなくなったために、JA共同販売を固辞したいきさつがある。会員⑤の場合は、重量野菜の箱詰め作業が経年的に容易ではなくなり、詰め終わった箱の運搬に際しても支障を来すようになった。そのため、キャベツやダイコンなどの重量野菜の生産から軽量な葉物野菜の生産に切り替え、また生産品目の変更と同時に、従来の流通チャネルへの出荷から直接販売に異動した。加えて、会員⑫は雇用条件の変化を語り、パートタイム労働者を雇用して大規模農業を行っていた以前と比べて、人件費の上昇に伴う農業の困難化に頭を抱えていた。このほか、家庭環境の急変に見舞われて後継者もいないことから、1人でもできる農産物の出荷先として直接販売を志向するようになった会員もいた（会員⑱、⑲など）。

次に、前述した高齢化による影響との複合的な要因から、従来の流通チャネルへの出荷の難点が指摘された。彼らは、高齢化が進展している状況のもとで、収穫調整過程の過重労働が重なることで、従来の流通チャネルに出荷できなくなった経験を語り始めた。とりわけ、出荷に際して、農作業の負担量が一時期や一度に集中せずに、軽労働でも担える出荷先を検討した結果、直接販売に参入するようになった背景が指摘された。これとは別に、専門的技術やその蓄積が不十分な新規就農者も、同様の課題を感取している内実を次々と語り出した。

最初に紹介する会員⑥は、農産物をサイズ別で分類したうえで、箱詰め作業もする必要があったJA共同販売の出荷にかかる作業負担を回想した。そのうえで、「農産物直売所への出荷であれば、採れたものをビニール袋に入れるだけ」と、直接販売にかかる選別と包装の簡素性に対して喝采を送る。この点、会員⑬も、JA共同販売の際に、生産者が各自で農産物を箱詰めしなければならなかった重労働を明かした。氏は、様々な理由で、今でも生産物の半分をJA共同販売しているが、そのための箱詰め作業などの際には、パートタイム労働者を雇用する必要があるという。こうした現状が、多くの生産者に出荷先の再検討を促してきたという。卸売市場への出荷に関しても同様の事情が聞かれた。「はなまる市」の開設前に、主に卸売市場への出荷に従事していた会員⑦も、出荷の際に課される選別作業の複雑さを訴えた。周知の通り、直接販売を行う場合には、調製・選別・包装（一部）・荷造りの必要性はまったくなく、収穫後は商品を店頭に陳列するだけでよい。それゆえに、氏は、さしあたって「はなまる市」の直売専業農家となることで、従来の煩瑣な選別作業から解放されたという。

また、従来の流通チャネルへの出荷に要する、ある種の悪しき伝統ともいえる出荷規定は、新規就農者が出荷を始める際の高いハードルでもある。例えば、2008年に定年退職して就農した会員⑰は、2013年までの5年間は卸売市場への出荷に励んだが、「出荷のためには一定量を作ることが必要で、荷造りも大変だった」と振り返った。「はなまる市」に会員登録した主な理由は、複雑を極めた荷造りを免れるためで、直接販売の開始と同時に卸売市場への出荷を辞めたという。なお、一度の出荷量の課題に関しては、旅館経営から農業を始めた会員①が、経営面積が狭隘な初期段階では、小口販売にならざるをえない点を強調した。言い換えると、専門的技術やその蓄積が不十分な新規就農者であれば、就農当初から歴年の生産者と同等の商品出荷が要請されることは、数量の面でも品質の面でも様々な困難を伴うのが自明である。このほか、会員③は、小口出荷した場合の廉価販売の課題を挙げ、また会員⑮は、主に優良品しか出荷が適わなかった経験を述べた。

ここでの課題は、生産者が従来の流通チャネルへの出荷を見当した際に、収穫調整過程で課される作業負担のいかんに求められるといえる。前述したように、たとえ既定の作業量・作業内容であっても、経年的に遂行が容易ではなくなる労働力の衰微や、新規就農者の土地所有や技術的な要因が絡むことで、一部の生産者の対応はより一層難しくなっているのである。

最後に、従来の流通チャネルにおける著しい価格変動は、生産から出荷までに要する生産費の高低次第では、生産者の事業収益の安定と成長を阻害し、農業経営の逼迫に連関していることが指摘される。

過去に卸売市場への出荷やJA共同販売に精を出した会員⑨は、現在でもよしみで物によってはJA共同販売を視野に入れるが、今では生産物の8割を直接販売する方向である。氏は、直接販売に従事する現在と過去とを比べて、廉価販売していた過去を想起し、従来の流通チャネルへの出荷を念頭に置くことはないという。会員が自ら価格設定して陳列すれば、その後は消費者が商品を購入するだけで取引が完了する直売所独自のシステムが、個々の生産者利益に適うからである。この点に関して会員④は、消費者ニーズに合致しさえすれば、少々割高であっても販売が可能な点にも言い及んだ。

同様に、花を出荷する会員⑧は、卸売市場をメインとした取引履歴を挙げて、価格変動の著しい従来の流通チャネルに投じることと比較し、生産費に見合った高位安定的な価格設定ができるようになった。この点において、氏は、生産者の視点で最適なシステムが構築されている直接販売を高く評価した。別言すれば、相応の成果を得るためには日々の営みに左右される面はあるが、市況の影響を受けないために、創意工夫次第では直接販売によって高収益が得られるという共通認識があった。

しかも、開設当初から生シイタケを専門に生産してきた会員⑩は、卸売市場に出荷していた過去について、販売価格の不安定性の課題を挙げれば枚挙にいとまがないという。これまでの経験に基づいて、生産費に見合った価格で販売できる直接販売のシステムに最大限の評価を与えた。生産物の大半を直接販売する理由がこの点にあることは言うまでもなく、原木と菌を購入する例年の投資に加えて、室内温度を一定に保つような維持管理費を含めた生産費や必要経費の削減については、自身の農業経営の範囲内でどのように経営努力を重ねても改善の見込みが得られないからにほかならない。そのうえで、氏は、「生産者が生産費に見合った価格を設定できる出荷先は、現時点では直売所以外に見当たらない」と打ち明けた（同様に、会員⑯）。

以上において、主に「CO」の会員を概観してきたが、その中には先述の会員②のように、従来の流通チャネルへの出荷を見直して、その後は活動を伸展させた会員も出てきている。彼らは、一度は従来のスタイルを取り止めたが、新しい営農の機会に恵まれたことで再起を図り、多様な活動を再展開し始めたのである。なお、これまでに挙げた課題とは埒外であるが、生協産直（会員⑪）や有機農業（会員⑭）に取り組んできた生産者ら、独自の販路を開拓してきた生産者らが関心を寄せていることは言うに及ばない。このように、こだわりの生産者が作り出す生産物の出荷先として門戸を閉ざしていない点で、直接販売には閑却しえない意義が見出される。これらの会員の営みをふまえると、従来の流通チャネルの諸課題に対置させた補完性への着目だけでは、最近の興隆に対して十分な説明を加えていることにはならない。次項以降では、直接販売の興隆を支えるもう一方の要素を浮き彫りにする。

（3）　多様な商品出荷と自発的学習の促進

前述したタイプの出荷会員と比較すると、「CR」の会員は、販売額の高さに現れているように、収益性を効果的に高められる販路と評価している。つまり、このタイプは、生産物を優先的に販売するために会員登録しており、直接販売を二次的な販路と考えていない。運営主体や他の会員の模範となって事業の牽引役を果たし、鶴見和子が提唱する「キーパースン」（第1章参照）の役割を果たしている。

このタイプの出荷会員の生産活動は、商品差別化の取り組みを典型としている。その過程で多様な需要に対応していくために、自発的な学習に励むようになった生産者や、やりがいなどの非物質的な価値を感取するようになった生産者が現れ始めた。そして、商品差別化に携わる会員は、広域的な商圏における多数の消費者の多様な需要への対応に尽瘁し、従来型の流通の伝統を重んじながら出荷品目の創造を志向し、新機軸の開発や真新しさの追求を率先して事業を発展させる原動力となっている。大別すると、高付加価値化、多品目生産出荷、加工や梱包方法または味付けの多様化、新品種・新商品の生産出荷に注力する営農を見て取れる。

最も重視される生産活動は商品差別化であり、その前提には多様な需要への対応が据えられる。例えば会員㉗は、阿久比町で行われているレンゲ農法を宣伝し、また鶏卵を出荷している会員㉘及び㉜は、名古屋コーチンのネームバリューを活かすことで、従来以上の高付加価値化を進めた。肉加工を専門とする会員㉚の場合、スライスや味付けを調整することで50種類以上の商品を毎日出荷し、スーパーマーケットに卸す場合と比較して高単価で販売し始めた。会員⑳は、直接販売だけで生計を立てることを決意し、毎年60品目の生産目標を掲げ、加工品では漬物や菓子類なども時期に合わせて製造出荷する。このほか、開設前は花だけを生産出荷していた会員㉔は、野菜や果実、山菜の出荷も手がけるようになった。具体的には、桑の実のような他の会員が出す商品と重複しない珍しい商品の出荷に励み、山菜類の場合は採れたてを出荷して高収益を実現し、現在、全体販売額の半分は林業と山菜類の出荷による構成である。米農家の会員㉝は、当初の出荷品目は1銘柄のみであったが、出荷時期や出荷銘柄、他の出荷品目との関連性、それらに合わせた出荷量の調整などを毎日検討しながら出荷するようになり、現在では全6銘柄を出荷するようになった。さらに、生シイタケを生産・出荷する会員㊱は、出荷の際の梱包の方法を工夫して消費者ニーズへの対応を試行し、物の大小によってパックや袋詰めを使い分け、見た目の良し悪しで一括して販売するなどの差別化を追求してきた。

ここで紹介した取組内容は、このタイプの会員が様々な場面で実践してきた独創的な生産出荷活動の一部にすぎない。このほか、出荷時期を重複させないための端境期の出荷や、収穫方法の工夫も挙げられる。例えば、会員㉙は、卸売市場への出荷の場合は、生産物を数百ケースに詰めて一括出荷するのに対し、直接販売の場合は、少しずつ収穫しながら毎日出荷するという方法を重視する。従来と比較して、生産計画の段階から販売する際を想定して農業に取り組む必要性への言及もある。他の会員と出荷品目が重複しないように、予め希少な農産物を生産する計画を立てて臨む会員も少なくない。

新品種・新商品の生産と出荷に関して会員㉓は、レタスであれば葉を食べる品種を作ることを常識としながら、意図的に茎を食べる品種を生産・出荷するような差異を演出してきた。また、組織の立案者の１人という会員㉞は、開設当初からトマトや葉物野菜を養液栽培し、消費者の要望に応えられる商品づくりを心がけてきた。最近では、スーパーマーケットで販売されていない商品を購入したいという消費者の要望を受けて、食用ヘチマなどの生産を試みるようになった。さらに会員㉖は、卸売市場への出荷に向けたJAの方針のために、従前から指定品種が大量生産されてきた状況下で、意識的に新品種の生産を試行し、その出荷先としてファーマーズ・マーケットを位置づけてきたという。このほか、お盆前の花や正月前後の餅など、時期に合わせて需要が高まる商品に的を絞って揃える会員㊲の努力も見られた。

こうして、特に「CR」の会員は、出荷に関わるうちに高付加価値化や多品目生産出荷などに注力するようになった。さらには、新品種・新商品の生産出荷や新たな販売方法を考え出し、自分自身に合った生産活動への取り組みが卓越するようになった。その結果、会員各自が自発的な学びを深めるようになった経緯がいくつか語られた。

例えば会員㉟の場合、卸売市場への出荷とJA共同販売に携わった経験をもとに、「卸売市場への出荷であればカボチャは１個20円だが、ここなら１個100円で販売できる」とたとえたうえで、その条件を満たすために、通年で農産物を多品目生産して恒常的に出荷する必要を挙げ、その結果、「はなまる市」の店頭に並ぶ全ての野菜を作れるまでになったという。同様に会員

㊵も、JA 共同販売に従事していた頃よりも収入が増えている実感を述べて、他の会員と競合しない商品を置くことをその前提とした。このほか、会員㊳は、以前は特定品種のみを毎年同様の方法で生産していたが、現在では商品カタログに入念に目を通して売れる農産物を研究するようになった。会員㊴は、多品目生産に拍車を掛けて、現在では年間 100 種類の農産物を生産するようになった。最後に、会員㉕は、JA 共同販売では主に野菜と米を出荷していたが、「はなまる市」の開設後は花を専門に作るようになり、最初は菊の生産から始めて、現在では仏花ならほぼ全ての品種を生産できるまでに熟練したという。

以上のように、出荷のために学習の必要性を自覚し、農業生産の技量を成長させたことを強調する会員がきわめて多かった。最近では、多数の会員が多彩な工夫を凝らして模倣も増加しているため、計画された出荷も重複する事例が散見されるという。他の出荷品目を逐次チェックし、いかにして従来以上の商品を生み出せるかが要訣とのことであった。真新しさを十全に追求できる柔軟性のある出荷規定のもとで、他の会員の商品や消費者ニーズから多くを学び、各々の会員が人間の潜在的な力量を自由に発現させることは、販売額や収益性の向上のみならず、地域活性化につながる範例となろう。

（4） 非物質的価値の追求とアイデアの醸成

上述の通り、出荷会員が「はなまる市」への直接販売に従事するようになった理由は様々である。多様な会員が混在するなか、馴染みのメンバーとの交流の過程で、農業のやりがいを実感し、充実感や生きがいという非物質的な価値を感取するようになった会員の現れを見て取れる。実際、調査期間中において、開店前の早朝や残品回収を要する閉店間際の夕方の時間帯に、数多くの会員が商品搬入口や駐車場周辺に集い、和気藹々と団欒する様子が毎日観察されたのである。ここでの直接販売の諸相において、クリエイティブな仕事としての農業、さらには豊かなアイデアや長期的なヴィジョンを有する精神労働の萌芽を看取しうることを最後に示しておきたい。

まず、私が最も感銘を受けた会員㉒の取り組みを取り上げる。「はなまる市」の開設後に他の農産物直売所から異動した氏は、地域の発展を「はなまる市」の活況に準えるとともに、従来は成しえなかった自身の販売額の達成を自己の成長と重ね合わせていた。創意工夫も欠かさず、出荷のために種まき日が分かる表を品目ごとにパソコン上で作成して収穫日と出荷日が一目で分かるように工夫し、販売額も併記して年間の実績を保存したうえで、翌年の出荷計画に役立てる。一例として、種まき日から収穫可能日までを列記し、場合によっては種まきから収穫までが早い品目を中心に作っていく。自身で作成した緻密な生産出荷計画によって成果が明晰となるばかりでなく、販売実績も表示されて農産物を作る楽しさが感じられるという。そのうえで、氏は「毎朝、陳列台に農産物を並べるのは毎日が品評会のようなもので、その時に自分が出荷した商品が一番きれいに映るときは、何にも替え難い喜びとなって現れる」と、直接販売を見据えて農業に従事する意義を力強く語ってくれた。

また、会員㉛は、収穫から調理までの適格期間を消費者に理解してもらうことを会員の務めと考え、特に重量野菜の保存方法を検討してきた。会員㉑は、従来の流通チャネルへの出荷を念頭に置いていた頃と比較し、クリエイティブに挑戦できる点を魅力に挙げ、独自色を出して収入に結びついた際に享受できる農業のやりがいを述べた。農産物の形を変えて販売することにこだわり、第１に漬物など加工品の製造、第２に農産物の現物の形を変更することという。そのような農産物は従来型の商品市場では流通しにくいため、商品差別化による購入確率の高さを理解し、また個人でも購入可能な機械技術を導入して学習を深めることで有利販売を進めてきた。目下のところ、ここで挙げた会員には新しい生産者像を見て取れる。彼らは、他者との交流や篤農家としての理想の追求、自己表現が可能な場として直接販売の意義を捉え直し、生産に向かう姿勢やアイデアを発展させてきたといえる。

こうした会員は、何よりも農産物を直接販売することを想定し、従来にない新奇な生産・出荷を特徴としていた。鶴見和子は、内発的発展論の定義で「それぞれの個人の人間としての可能性を十分に発現できる条件を創り出すことである」と、その目標を説明したが（第１章参照）、本章の事例は、篤農家やその関係者らが生産意欲を高め、自己の可能性を十分に発現させる流通チャネルとして機能し、内発的発展のモデルケースになるといえる。その興隆は、鶴見が重視する伝統の再創造による現状への適応と伝統の調和が成された体制下で、様々なアイデアやヴィジョンを学習の力行によって創発させる人間が、自由の構造のもとで個性を開花させて織り成す多様な生産活動とクリエイティビティに基づくものである。

4　小　括

本章は、愛知県大府市に立地する「げんきの郷」と「はなまる市」の事例から、出荷会員の技量や意欲の変化、商品の価値向上の過程を明らかにした。

「げんきの郷」は、名古屋市に隣接して近郊農業に適した立地への着目から、地域の高齢化や兼業化への対応策として開設された。現在、農産物直売所の中では全国屈指の規模を有し、地域における青果物や花卉の重要な流通チャネルとなっている。参入要因の比較によれば、生産者の高齢化が急速に進む現状において、従来の流通チャネルに向けた出荷の困難化への対応や、収益性や非物質的な価値の追求の帰趨であった。具体的には、収穫調整過程や販売価格の課題に対する取り組みや、収益性向上の意向に起因する商品化などであった。

「はなまる市」への出荷を柱にして、直接販売だけで生計を立てるようになった会員も見られ、その多くは小規模生産者や耕地面積の小規模化が進行中の生産者であった。現状の俯瞰から直接販売の機能が地域に存在しなければ、多くの生産者は生産出荷活動に従事できなくなるか、より一層の零細経営を余儀なくされることは否定しえない。この点において、直接販売には従来の流通チャネルを補完する特別な機能があるといえる。他方、「CR」の会員による真新しい農業経営の多くは、従来型の流通チャネルへの出荷であれば目標を達成できそうにないやり方で奏効する可能性が立ち現れていた。加えて、生産者の伏在的な能力を自由に展開させて新商品を生み出せる場となるのみならず、人間の本質的な営みを生起させる場ともなっていた。こうして、クリエイティブな機能や知識経済を支える地域活動の側面も見出された。

調査の過程では、人口減少と高齢化という避けがたい構造的課題が横たわるなかで、あらゆる生産者の生産物が生かされ、往時の農業経営を手放した生産者の再起が促されている実態が看取された。同時に、従来の流通チャネルの伝統を積極的に見直す役割を果たすことで、新しい技術や制度の採用が円滑に進んでいる様相が散見された。多様な需要に対応する必要を端緒として、商品差別化から自発的学習への発展経路を辿る会員が現れていた。高齢化に伴う農業経営の規模縮小などの問題に直面する現在において、生産者・消費者・住民によって構築されたシステムや、当事者の内実に則したシステムが、地域経済の持続可能性の高い有機的成長の推進力になると考えられる。

また、小規模生産者の収益性や利便性を担保する補完的機能だけでなく、生産者の伏在的な能力を自由に展開させて新商品の創出や人間の成長に資するクリエイティブな機能をあわせもつことを含意する、ファーマーズ・マーケットや直売所の二重性、すなわち「直接販売の二重性」を提起した。

第9章
直接販売における就労意欲の現状と公共政策の課題
―長野県伊那市の「産直市場グリーンファーム」の事例―

1　本章の課題

本章の課題は、長野県伊那市に立地する「産直市場グリーンファーム」(以下、グリーンファーム）を取り上げ、出荷会員の参入要因と生産出荷活動、生産意欲の現状を明らかにすることである。本章の分析によって、生産者の選択肢と生産者利益の拡大、仕事のやりがいの追求、生活の豊かさの実現などの直接販売の意義と役割の一例を示す。

現在、直接販売が全国的に展開されて衆目を集めるなか、こうした地産地消活動は卸売市場に向けた大量出荷が容易ではない兼業農家や高齢農業者でも対応可能という利点をもつ。また、女性や新規就農者、非農家も含めた多様な担い手が参入できる。佐藤一絵の指摘によると、家族経営の農業につきまとう閉鎖性や封建的な意識が、農業の地位と魅力の低下と相俟って、女性の農村離れと嫁不足をもたらしてきた（佐藤 2016)。こうしたなかで、農林水産省が推進する6次産業化の先進的な取り組み事例によると、農業生産で然るべき労働報酬を受け取れなかった女性たちが、女性ならではのネットワークを活かして活躍するようになった。加工食品を製造してイベントや農産物直売所などで販売して立派な収入源を得て、女性自らが農業にやりがいと喜びを見出す事例が全国各地で見られるようになったとされる。

こうしたなか、直接販売への全般的な参入要因は、いまだ十分に研究されていない。また、直接販売が見られなかった往時と比べて、現在にどのような生産・販売、働き方が可能となっているのかも明らかではない。最近における当該チャネルの伸長要因は、従来型の流通チャネル一筋に出荷してきた生産者の主体的な販路開拓を可能とする技術と柔軟な制度のもとで、個々の生産者が農業分野への就労意欲を高めつつ、経営努力と学習を重ねて多様な商品を出荷するようになった点に求められるのではないかと考えられる。

上記の研究課題に取り組むために、運営者に対して事業内容に関する内部資料の開示を求めた。これらの提供資料に加えて、運営者に対する事業内容に関する聞き取り調査と、出荷会員に対する参入要因と取組内容に関する聞き取り調査の各結果を分析に用いる。事業内容に関する聞き取り調査は、代表取締役会長を務める小林史麿氏を対象に、2015年3月23日から28日にかけて実施した。会員への聞き取り調査は、同月下旬に出荷に訪れた50会員に敷地内で回答を求め、25会員から直接面接で回答を得た。

2　伊那市の人口と地域農業の現段階

(1)　伊那市の概況

伊那市は、旧伊那市が高遠町及び長谷村と合併して2006年に発足した。長野県南信地方の一角は、伊那市、駒ヶ根市、飯島町、辰野町、箕輪町、中川村、南箕輪村、宮田村の2市3町3村を合わせて上伊那地域と呼称され、伊那市を中核自治体として当該地域の総人口は約19万人に及ぶ。標高3000 m級の赤石山脈と木曽山脈に挟まれた長野県南部の伊那盆地に位置し、起伏に富んだ地勢が卓越し、自然共生都市を謳っている。

市の総面積は県の約5％を占める667.81 km^2で松本市、長野市に次いで広く、人口は県人口215万2449人の3.3%に当たる7万1093人である(2010年国勢調査)。中央自動車道や国道153号などの幹線道路が縦貫して東京都と名古屋市の中間地点に位置し、高度な加工技術産業や健康長寿関連産業が発展し、ものづくり産業の拠点として12箇所の産業団地が造成されている。諏訪湖を源流とする天竜川水系を活かした米づくり、野菜、果実、花卉等の生産も盛んで、畜産を含めて総合産地としての地位を築いている。

（2） 人口減少と超高齢社会

伊那市の高齢化率は、1985年の14.8%から2000年に22.6%、2010年には26.6%に上昇し、これまでにない超高齢社会を迎えた（図9-1）。1985年から2014年まで伊那市の人口は7万人台で推移し、少子化及び高齢化が課題である。高齢化率と未成年人口率を5年ごとに検討すると、1985年では高齢化率は14.8%に対して未成年人口率は26.6%で、こうした未成年人口が高齢者人口を上回る傾向は1995年まで続いたが、2000年ごろを境に高齢者人口が未成年人口を上回り、2010年の段階で高齢化率は26.6%に対して未成年人口率は18.8%となった。伊那市の人口構造は、増加の一途を辿る高齢者人口に対して、未成年人口が減少する傾向が続いている。

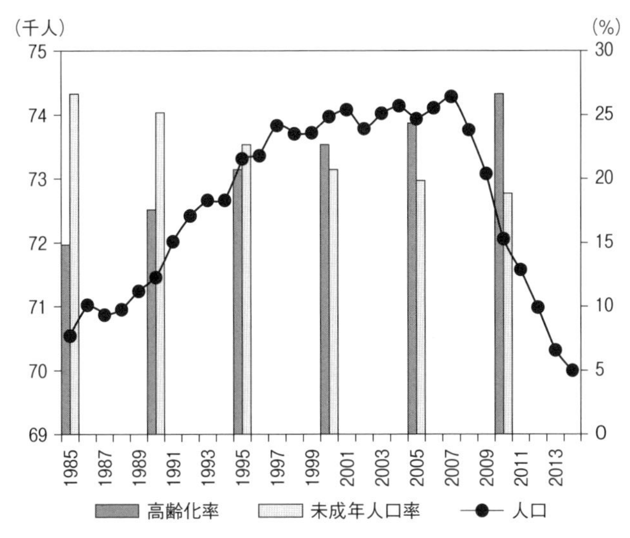

図9-1　伊那市の人口と高齢化率の推移

（資料）伊那市住民基本台帳、国勢調査より作成。
（注1）右目盛は高齢化率と未成年人口率。
（注2）2005年以前は高遠町と長谷村の人口を合算。
（注3）未成年人口率は0～19歳の人口で算出。

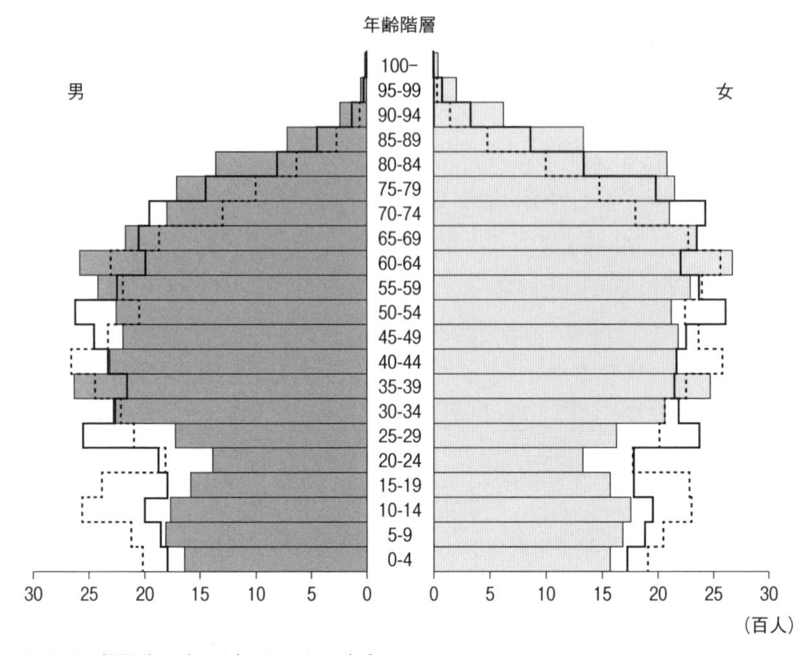

図 9-2　伊那市の人口ピラミッドの変容

(資料) 国勢調査より作成。

(注) 1990 年と 2000 年のグラフは高遠町と長谷村の人口を合算。

年齢 5 歳階級別に概観して人口構造の特徴を浮き彫りとすべく、伊那市の人口ピラミッドを描写した (図 9 - 2)。色塗りの表示箇所が 2010 年、直線が 2000 年、点線が 1990 年の値である。この間の伊那市の人口動向を俯瞰すると、1990 年における 30 代と 40 代のコーホートの変化は緩やかであったが、その他のコーホートは大きく変動した。1990 年を基準とした若年層コーホートの増減率を算出すると、0 ～14 歳までのコーホートは 2010 年にかけて減少した。減少率は 0 ～ 4 歳が約 31%、5 ～ 9 歳が約 20%、10～14 歳が約 11%となり、若い世代ほど進学や就職などの影響で地域から流出する傾向があった。例えば、1990 年の 0 ～ 4 歳の階級については、男性は 2017 人で女性は 1910 人であったが、2010 年には男性が 1389 人で女性が 1326 人となった。

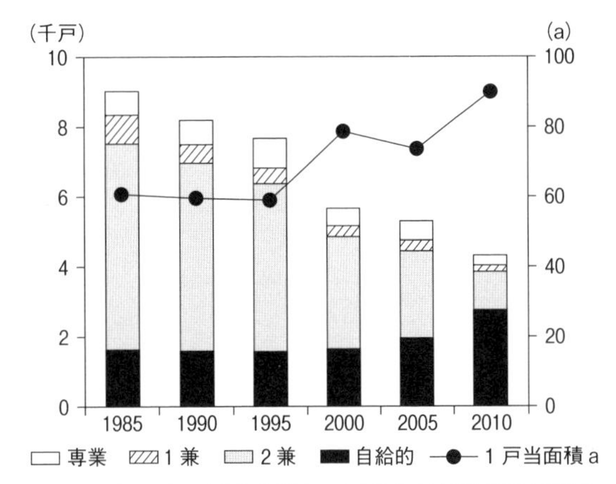

図 9-3　伊那市の総農家数と１戸当たり経営耕地面積の推移

（資料）農林業センサスより作成。
（注１）１戸当面積は経営耕地総面積を総農家数で除算。
（注２）2005 年以前は高遠町と長谷村の値を合算。

一方、同様にして 15～44 歳までのコーホートは増加し、増加率は 15～19 歳が約 10%、20～24 歳が約 25%、25～29 歳が約７％である。特に、20～24 歳のコーホートが著しく伸長し、具体的には 1990 年では男性は 1818 人で女性は 1770 人であったが、2010 年には男性が 2313 人で女性が 2171 人となった。12 箇所（2016 年現在）に及んだ産業団地の造成の影響が背景にあるのではないかと考えられる。超高齢社会の進展とこれらの若い年齢層の流入傾向を、伊那市の人口構造の特徴として指摘できる。

（３） 地域農業の構造的課題

伊那市の農業の動向に関しては、組合員３万 461 人（2016 年度末時点）を有する JA 上伊那が、２市３町３村を営業エリアとし、本所を伊那市に置いて営農から暮らしにわたる幅広い事業を展開している。伊那市の総農家数と１戸当たり経営耕地面積の推移を、1985 年から 2010 年まで５年ごとに表した（図 9-3）。総農家数は 1985 年の 9088 戸から 2010 年の 4344 戸まで半減し、2010 年における販売農家の内訳は専業農家が 289 戸、第一種兼業農家が

表 9-1　伊那市の年齢別農業就業人口及び比率の推移

	総数	農業就業人口（人）						
		10 代	20 代	30 代	40 代	50 代	60 代	70 代以上
1995 年	8,223	561	188	458	392	778	2,748	3,098
2000 年	5,990	407	163	253	234	462	1,681	2,790
2005 年	5,132	297	121	133	173	359	1,347	2,702
2010 年	2,023	44	32	66	73	156	560	1,092
	総数	比率（%）						
		10 代	20 代	30 代	40 代	50 代	60 代	70 代以上
1995 年	100.0	6.8	2.3	5.6	4.8	9.5	33.4	37.7
2000 年	100.0	6.8	2.7	4.2	3.9	7.7	28.1	46.6
2005 年	100.0	5.8	2.4	2.6	3.4	7.0	26.2	52.7
2010 年	100.0	2.2	1.6	3.3	3.6	7.7	27.7	54.0

（資料）農林業センサスより作成。
（注 1 ）農業就業人口とは自営農業に主として従事した世帯員数。
（注 2 ）2005 年以前は高遠町と長谷村の値を合算。

184 戸、第二種兼業農家が 1106 戸であった。ただし、自給的農家だけは増加傾向にあり、1985 年の 1623 戸から 2010 年には 2765 戸に増加し、この 15 年間で総農家に占める自給的農家の比率は、約 18%から約 64%をにまで伸びた。こうした状況下で、1 戸当たりの経営耕地面積を概観すると、1985 年から増加傾向にあることから、伊那市では農地の集約化も進んできたようである。なお、伊那市の経営耕地面積は、1985 年の 5503 ha から 2010 年の 3937 ha まで経年的に減少基調にあった。

また、伊那市の年齢別農業就業人口とその比率を、1995 年から 2010 年まで 5 年ごとに表した（表 9 - 1）。2010 年の農業就業人口は、1995 年比で 4 分の 1 となる 2023 人にまで急減した点に着目される。年齢別農業就業人口の比率を俯瞰すると、70 代以上が過半数を占めて突出したことから、農業人口率の減少に加えて、農業における労働力の減少も指摘できる。現代の地域農業が抱える深刻な構造的課題への直面が見受けられる。

長野県農業の動向は、1991 年以降の牛肉の輸入自由化などによって、輸入品が農産物価格の伸び悩みに拍車をかけたとされる。景気後退による農産物価格の低迷、農業生産資材価格の高止まり、2008 年に発生したリーマンショック以降の消費者の低価格指向などの経済的要因とともに、度重なる気象災害、農業従事者の高齢化、昭和一桁世代のリタイアといった社会的要因によって、産業規模の縮小傾向が深刻化するようになった（長野県農政部 2014）。このような状況下で、伊那市では、生家の近くに居住して比較的安定的な仕事をしながら農業にも従事してきた農外就業者が、定年退職を契機に就農する事例が散見されるようになった。こうした定年帰農者を農業再建の力とすべく、JA 上伊那は管内の地区別に「退職農業者の会」を組織し、会員の営農技術向上や人的交流、情報交換を進めてきた（大須 2009）。

3　「グリーンファーム」による都市農村交流と地域づくり

（1）「グリーンファーム」の概要

「グリーンファーム」は、伊那市の中心部から約 3 km 西方の小高い畑作地帯に立地する。2014 年現在、会長職にある小林氏が地産地消活動を目指して 1994 年に創設した株式会社である。従業員は 65 人（正社員 49 人、パート 16 人）、会員数は 2615 人、会員平均年齢は 70 歳、年間来店者数は約 58 万人、年間販売額は 10 億円に上る。1 万 890 m^2 の広大な敷地内に売場面積 1330 m^2 の農産物直売所のほか、農業資材コーナー、雑貨・骨董品コーナー、鉢花ハウス、ミニ動物園などが併設され、売場二階には児童書を扱うコマ書店がある。

販売手数料は 20%で、入会金や年会費、登録料、商品規格、価格の上限下限などは、いずれも設定されていない。マスメディアで頻繁に紹介される直売所で、県外から訪れる利用者のほか観光客も多い。品揃えの強化を図るために、主に端境期に卸売市場からの仕入品も比較的多く販売し、地場産品率は約 50%である（2014 年実績）。

（2）「グリーンファーム」創設の背景

「グリーンファーム」の創設の背景には、わずかな傷があって市場に出荷できなかったリンゴ農家の実体験がある。また小林氏は、上伊那民主商工会

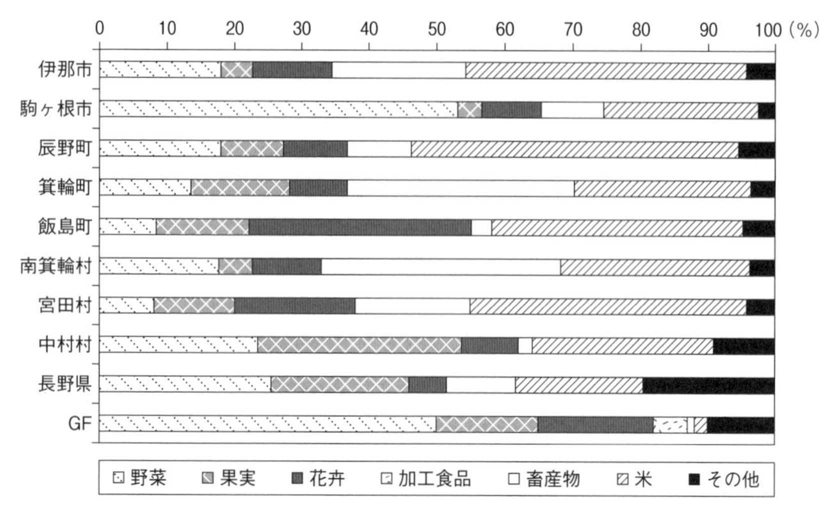

図 9-4　上伊那地域の農業産出額比率

（資料）生産農業所得統計、グリーンファーム提供資料より作成。
（注１）長野県は 2012 年、市町村は 2005 年の値。
（注２）伊那市は高遠町と長谷村を合算した値。
（注３）GF はグリーンファームで 2014 年の年間販売額の比率。

に勤務して農家や消費者の相談に対応するなかで、地域を取り巻く農産物流通の仕組みにも疑問を抱いていた。伊那市で収穫された野菜が都会へ送られ、住民は他県産の野菜を消費する流通構造が見られたため、規格外品の商品化と地産地消活動の事業構想を 1980 年代に思い描いたという[1)]。その後、伊那市ますみヶ丘の耕作放棄地を活用する相談を持ちかけられ、農産物直売所の設立を望む世論も受けて創設を決意した。初年度の年商は約 1500 万円であったが、地域の生産者と粘り強く交渉と会合を重ねて生産者の会の設立を果たし、年間販売額は右肩上がりに増加して現在に至っている[2)]。

直売所の運営を軸に、社会事業も含めて様々な事業を展開、主宰してきた点を特徴とするが、本業の販売事業の年間販売額は、県内に計 267 箇所ある直売所の中でもトップレベルを誇る（2014 年実績）。野菜と果実、花卉だけで売上の 80% を上回り、メイン商品である野菜の年間販売額は伊那市の野菜産出額と比較して軽視しえない規模である。また、上伊那地域における農業産出額比率と比較すると、農産物の販路として米を除く地場産青果物が主に取り扱われるという典型的な直売所の商品構成である（図９－４）。

（３） 学習機会の充実とネットワークの形成

地域社会において多様な組織と様々な関わりをもつ「グリーンファーム」の事業のなかで、地元小学校の社会学習の場として利用されている点を、特筆に値する社会関係として紹介したい。カリキュラム編成によって取組内容は年度ごとに異なるが、2014年度は修学旅行を行う際の経費の一部を捻出する目的で、農産物の生産と販売を体験学習する場として活用された。[3)]

週に複数回ある総合学習の正課授業の時限に、担任や地元農家の指導のもとで、校内の農園でイモ類などを生産した。校内の緑地ではキノコ類や樹木の実などを収穫し、松かさや樹木材などを拾い集めて、図工の授業で工芸品等を製作して店頭販売した。このほか、校内の水田で生産した餅米を餅や惣菜、菓子類などに加工し、商品化を実現した。地元小学校に関する地域資源を授業の一環で出荷してもらうことで、地元小学校の児童が正課授業で農産物の生産から加工、販売に至る物流を知るための学習機会を提供してきた。

コミュニティの連帯の強化に関心を払いながら運営が軌道に乗ると、単体での事業推進に加えて、直売所の連関による学び合いや情報交換の重要性も認識され始めた。そこで、直売所間の広域的なネットワーク形成を唱導して事業の多角化を推し進め、「長野県産直・直売サミット」を立ち上げた。[4)] 都市農山漁村交流活性化機構が主催する全国農産物直売サミットに参画した人脈を活かし、南箕輪村に農学部キャンパスが立地する信州大学の研究者や、県内全域の直売所関係者ら約270人を招待して同業者間のネットワーク構築を図り、2006年に第１回サミットを南箕輪村で開催した。ここで生まれた交流ネットワークを継続的に活かす目的で産直新聞社を設立し、直売所に関するニュース素材のみを扱う全国唯一の情報紙「産直新聞」の発行を始めた。[5)]

2008年には、地域のベテラン農家（専業農家）と連携を図り、定年退職者を含めた新規就農希望者を対象に、農業の基礎を学んでもらうことを目指し、遊休農地を１区100坪で貸し出す「いきいき100坪実験農場」を始めた。[6)] この実験農場で生産された農産物の販売コーナーを設けることで、生産から流通までの農業体験を提供して販売収入の確保にも役立ててもらう。新規就農者の目線に立った就農支援など、地域における様々な取り組みが「グリーンファーム」から始まっている。会員間のネットワークにとどまらず、地域内外の関係者間のネットワーク形成にも寄与している。

4　出荷会員の参入要因と生産出荷活動

（1）出荷会員の概要

出荷会員への聞き取り調査では、農家等分類、居住地及び所在地、従事者、世帯人員に加えて、作付品目、作付面積、年間販売額、主要商品などを質問した。詳細は、表9-2の通りである。

農家の分類によると、25会員のうち、副業的農家が12会員で最も多く、主業農家が8会員、法人企業が3会員、準主業農家が2会員となった。会員登録のうえで上伊那地域在住が基本要件となるため、会員の多くは、伊那市と近隣自治体に居住する生産者で構成された。従事者の年齢を見ると、高齢農業者が多く、内部資料で会員平均年齢が70歳とあるように、精力的に出荷に励む70～80代の会員が多い。また、会員⑬、⑳、㉑のように、法人企業として登録している会員も一定数数えられた。このように、多様な主体の参入があるために、会員間で年間販売額に顕著な差があり、少量多品目生産が中心であることを見て取れる。なお、自宅からの片道時間については、90分かけて訪れる会員も見られ、後継者の存在を挙げたのは7会員、共選農家が15会員、会員登録後の販売額については、増加が8会員、横ばいが9会員、減少が8会員であった。

（2）参入要因の類型と販路開拓

本項では、出荷会員の参入要因を明らかにする。分析の結果、5つの参入要因が析出され、「販路開拓」型が11会員、「規格外品」型が5会員、「新規就農」型が4会員、「趣味」型が3会員、「近接」型が2会員となった。すな

表 9-2　出荷会員の概要

会員番号	分類	居住地所在地	従事者(年齢)			世帯人員	作付品目と作付面積(a) 0 100 200 300 400
			男性	女性	パート		
①	副	中川村	68	－	－	3	
②	主	伊那市	54	84	－	2	
③	副	伊那市	72	65	－	2	
④	副	伊那市	80	80	－	6	
⑤	主	南箕輪村	38	－	－	1	
⑥	主	伊那市	56	56,80	－	4	
⑦	副	箕輪町	80	76	－	3	
⑧	主	伊那市	28	63,57	－	3	
⑨	準	伊那市	56,52	78	－	3	
⑩	主	伊那市	50	46	10人	2	
⑪	副	伊那市	76	75	－	6	
⑫	副	南箕輪村	80	73	－	2	
⑬	企業	駒ヶ根市	※従業員60人			－	
⑭	主	伊那市	37	37	－	4	
⑮	副	駒ヶ根市	72	69	5人	2	
⑯	副	南箕輪村	80	75	30~40人	2	野菜1,000a超
⑰	副	南箕輪村	77	－	－	2	
⑱	副	木曽町	74	－	－	1	
⑲	副	南箕輪村	60後半	60後半	－	3	
⑳	企業	伊那市	※従業員4人			－	
㉑	企業	木曽町	※従業員10人			－	
㉒	副	伊那市	87	80	－	2	
㉓	主	伊那市	50後半	50後半	2人	2	
㉔	主	伊那市	60後半	43	－	7	
㉕	準	伊那市	57	52	－	5	

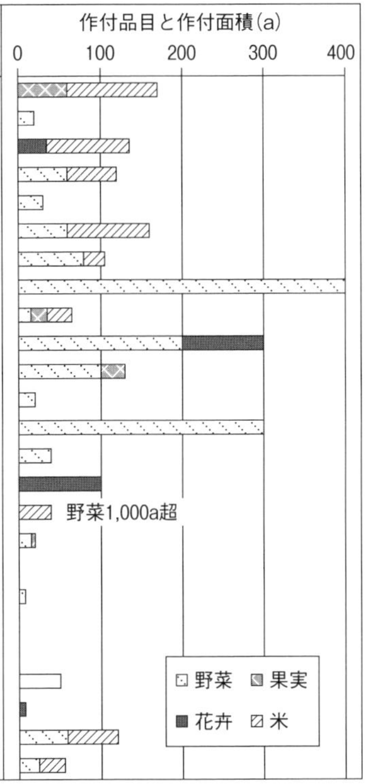

（資料）聞き取り調査より作成。
（注）会員⑱は木材、⑳は菓子類、㉑は加工食品を主に出荷。

わち、「販路開拓」型は、JA 共同販売（以下、共販）や卸売市場への出荷などの販路をすでに有しているが、収益性やリスク低減、流通にかかる自己決定などを目的に、多様な販路を確保すべく参入した会員である。「規格外品」型は、すでに有する販路において、規格外品を販売すべく参入した会員である。また、「新規就農」型は、就農して間もなく参入した会員、「趣味」型は、実益よりも趣味を重視する会員である。なお、自宅から近く、人的交流のために会員登録する「近接」型も分類された。参入要因に関する聞き取り調査の結果の詳細内容（抜粋）は、表９-３の通りである。

表 9-3　参入要因の類型と詳細

会員	類型	詳細
①	規格外品	リンゴ農家で、規格外品や出荷時期を外れた農産物を出荷している。共販の出荷時期は、自分たちが考えるよりも早期に終わってしまう。そのため、例年、出荷後も木にリンゴが残っていることが多い。以前は、そのようなリンゴを知り合いの紹介で個人向けに販売したり、贈答品として販売したりしていた。直接販売を始めてからは、規格外品や時機を逸したものを数多く販売できるようになった。400 万円/年のうち 50 万円を直接販売。
②	販路開拓	ワサビを専門に、在来種を水通しのよいところで生産している。そのような出荷会員は数軒で競合が少なく、市況価格を見て価格設定しなくてよい。現在でも生産量の半分を諏訪で業者に販売しているが、そちらは規格をまとめるのが簡単ではない。単価についても、グリーンファームの単価の 0.5〜0.75 倍にしかならない。多くの量が捌けるのであれば、今はなるべく直売所に出荷するつもりでいる。200 万円/年のうち 100 万円を直接販売。
③	規格外品	花卉の多品目生産は出荷にかかる作業が大変なため、過去の経験をふまえて現在は年間で 2 品目のみのアルストロメリアを生産している。ただし、カラーバリエーション豊かに展開しながら、JA には一級品を出荷し、直売所や道の駅で「曲がったもの」を販売すると決めている。あくまでもメインは共販だが、その場合は「単色で 10 本単位」といった具合に商品規格が決まっているため、融通を利かせることが難しい。150 万円/年を直接販売。
⑤	新規就農	南箕輪村にキャンパスが立地する信州大学農学部を卒業した後、建設業や自然体験教育に関する NPO などで仕事を経験した。30 歳を過ぎて就農を決意し、知り合いの専業農家の自宅に住み込んで 1 年半ほど農業経験を積んだが、まだまだ不慣れなことが多い。有機農業の徹底を農業するうえでのポリシーとしている。このように農薬をまったく使わないので、虫食いの農産物が多くて共販が難しい。180 万円/年のうち 30 万円を直接販売。
⑥	趣味	昔から自宅で生産した農産物のほとんどを共販で売っており、現在は息子夫婦が専業農家をしている。大量生産のために直接販売だけでは生産量のすべてを売り捌くことはできない。今は 80 歳を過ぎて、息子夫婦が耕作している土地の端の 0.5a ほどを借りて、自分の小遣い程度を稼ぐ目的でグリーンファームに出荷している。共販で余る分を出すことも多い。仲間会員の影響で、野菜を多品目生産するようになった。5%/年を直接販売。
⑧	販路開拓	新しい事業に取り組んでいる専業農家や若手就農者が近所に多い。共販への依存から自立し、販路を開拓して収益を上げようとする意欲が高い。そのような生産者の影響を受けて会員登録した。販売手数料が低くて売れ残りの少ない直売所が理想的で、グリーンファームは手数料 20%で飛ぶように売れる一方で、手数料 10%の別の店は残品が出やすい。一長一短があるので出荷先を毎日考えている。2,000 万円/年のうち 1,600 万円を直接販売。
⑨	規格外品	「JA に出荷できないものも出せる」と聞いて会員登録した。主にリンゴを生産しているが、わずかでも傷んだリンゴがひとつでも紛れこんでいると、共販では規格外の判定を受けることがある。自宅ではかなり厳密に選別作業をしているが、それでも規格外品は必ず出てしまう。直接販売を念頭に入れて農業することで、規格外品に悩むことなく伸び伸びと生産できて、仕事の楽しさが感じられる。300 万円/年のうち 20 万円を直接販売。
⑩	規格外品	野菜の苗の出荷を中心に、出荷量の半分を共販している。グリーンファームは JA が受け入れてくれないものも出荷できる。規格外品だけでなく、新品種や過去になかったタイプの商品なども共販には適さない。何でも出荷できる意義が大きい。2,000 万円/年のうち 1,000 万円を直接販売。

⑪	規格外品	リンゴ農家だが、重さ・色艶・糖度などを判別する選別機が最近に導入され、規格外品の判断が難しくなった。自宅で良品と規格外品を分別し、良品と思ったリンゴがJA選果場で規格外の判定を受けることがある。以前は、目視できる傷みなど共通の理解があったが、今はどんなリンゴが規格外になるのかがはっきりとは分からない。どちらとも判定できないようなリンゴを直接販売することが多い。700万円/年のうち100万円を直接販売。
⑬	販路開拓	玉ネギなどの野菜やキノコ類を生産し、自社工場で加工も手がけている。卸売市場への出荷が中心だが、その場合は注文を受けて生産し、例年の規格に基づく大量出荷や厳密な梱包作業を求められることが多い。グリーンファームへの出荷のような直接販売であれば、自社側の判断で自由に生産出荷できる。しかも、市況価格に左右されず、年間を通して自社が設定した価格で高位安定的に販売できる。5億円/年のうち2,000万円を直接販売。
⑭	新規就農	4年ほど前に就農したが、最初のころは経験が少なく少量多品目生産なので、大口の出荷先が見つからなかった。まずはレストランとの契約販売から始めて、直接販売も同時期に参入した。直接販売で築いた人脈や、農業一般について学べたことは貴重な経験となっている。経営努力を続けてようやく共販できるようになったが、少量でも販売できる直接販売は今でも重宝して家計の助けになっている。300万円/年のうち50万円を直接販売。
⑮	趣味	会社員を定年退職したことを契機に、水仙を育てるべく会員登録した。趣味が高じた結果で、現在もグリーンファームの出荷会員に専念している。徐々に本格的に作るようになり、当初の予想以上に良好な農業経営を続けて新しい品種を増やしている。1,400万円/年のうち1,400万円を直接販売。
⑲	販路開拓	10年ほど前にワサビの業界が不況に陥った。業界に依存するのではなく、生産者各自による販路開拓の必要性が指摘されたため、直接販売に力を入れるようになった。古くからのワサビ屋同士の取引を継続しているが、昨年の実績では生産量の75％を直売所で販売した。75％/年を直接販売。
㉑	販路開拓	本業は建設業だが、土地の維持管理のためにトウモロコシを栽培して販売している。生産量が増えて規格外によるロスが増えるようになったため、2005年頃からトウモロコシの加工食品を外注して製造するようになった。自社の販路や木曽町の道の駅などで贈答品用として販売し、好評を得て固定客がつくまでになった。製造量の増加に伴う販路開拓のため、町外の直売所にも出荷するようになった。500万円/年のうち50万円を直接販売。
㉔	販路開拓	昔から共販しながら直接販売もしていた。直売所が全国各地に開設されるようになって以降は、生産だけでなく生産方法や出荷先も本格的に考えるようになった。現在は有利販売を志向し、近所に住む仲の良い生産者を集めて生産者グループを立ち上げ、直接販売で多くを販売している。農業における苦労や学ぶべきことは増えたが常に成果が感じられるようになり、県内の料理屋とのコネクションを築くまでになった。75％/年を直接販売。

（資料）聞き取り調査より作成。

最多を占めた「販路開拓」型については、直接販売で得られる商品単価の高さを指摘する会員がほとんどであった。さらに、従来の出荷先にかかる商品規格や荷姿の煩雑さや、少量を出荷しにくい近況を詳述した。これに対し、直接販売では、卸売市場に向けた系統出荷と比較して、複雑な規程によることなく商品化が可能となるうえ、各々の生産者や企業側の判断で自由に生産・出荷できることを理由とした。会員⑧の指摘の通り、独自の販路を開拓しようとする経営努力と意欲の現れを評価できる。また、近所の農家を集めて生産者グループを結成し、共販を縮小して独自の販路開拓につなげた会員も、この類型の中に入った（会員㉔）。

他方で、「規格外品」型については、３会員がリンゴ農家であることから、「グリーンファーム」設立の経緯に鑑みれば、彼らの指摘は傾聴に値するものである。まず、規格外品と出荷時期を外れたリンゴを主に出荷する会員は、リンゴの生育状況と出荷時期が合わないために、例年のリンゴの売れ残りに言及した。次に、厳密に選別したとしても一定数の規格外品が出てしまう共販に対し、直接販売では規格外の判定を受けることがないため、生き生きと生産に励むことができるようになり、農業の楽しみが増えたことを述べた。最後に、色艶や糖度等を評価する選別機が導入されている現状にふれて、自家選別の際に良品と規格外品を分別しにくくなった内実を吐露した。このほか、JAへの一級品出荷（共販）を担う会員の中には、その反面での融通を利かせることの難しさを指摘し、新品種や新商品を含めて迅速に商品化できる直接販売の意義を述べる者もいた。なお、先述した「販路開拓」型や他の類型においても、一定の割合で規格外品が出ることを参入の端緒とする会員が見られた。

以上の参入要因の分析によって、生産者による主体的な販路開拓と経営努力が、「グリーンファーム」の興隆に寄与したことが明らかとなった。

（３） 出荷会員の主体性と活動の多様性

本項では、出荷会員の生産出荷活動を明らかにする。聞き取り調査では、従来の出荷先と比較した直接販売の特徴や、具体的取組を中心にヒアリングした。生産出荷活動は要約しえない多様な色調を帯びたものとなった。

まず、「趣味」型を見ると、出荷し始めて仲間会員の影響を受けながら、野菜を多品目生産するようになった会員が見られた。例えば、調査当日の出荷品である根ニラを作ろうと思ったきっかけは、以前に仲間会員が出荷した際に、調理方法をあわせて説明してくれたために購入することにし、説明の通りに調理すると味わい深かったため、自宅で生産し始めたという（会員⑥）。

また、花卉を専門に生産して「グリーンファーム」のみに出荷する会員は、以前から趣味で鑑賞するだけだった水仙の品種を、定年退職を経て本格的に集め始めたことを契機として、趣味が高じた結果として試しに直接販売すると、徐々に高い評価を得ていったという。この会員は、現在は水仙だけで約800種類を所有し、人気の高い50種類を毎年出荷できる体制を整えた（会員⑮）。会員⑰を典型とする多くの会員は、どのような商品も出荷できる「グリーンファーム」を評価し、売れると思ったものを気づいたときに出荷することに留意している。仲間会員との切磋琢磨や個人的な趣味嗜好が高じることで、多様な農産物を生産・出荷するようになった会員が多かった。このような旺盛な会員が存在する背景として、商品規格や数量、肩書きに関係なく販売できる直接販売の特長を指摘できる。

次に、「新規就農」型を見ると、30歳を過ぎて就農を決意した会員は、年間で50種類を超える野菜を有機農業で生産し、消費者ニーズに応えられる出荷体制を徹底していた。有機農産物のため、農産物の大半は知り合いを通じて直接取引し、軽トラックの荷台に農産物を乗せて振り売りするなど、交友関係を築きながらその伝手で販売することも少なくない（会員⑤）。また、野菜ならアスパラガスとミニトマトを中心に生産し、ミニトマトの受粉の際に蜂を使うなど、商品の独自性の追求にこだわる会員が存在した（会員⑭）。出荷の際には、梱包で差別化を図り、テープの色や袋のサイズ、リボンの種類を多様化させ、蜂をキャラクターにした自作の専用ラベルを商品に張りつけて、リピーターがつくように趣向を凝らすという。無論、農産物直売所によって客層は違い、それと同時に、必要とされる商品内容も大きく異なる。このような認識から、観賞用の鉢に入れた花卉とポリポットに入れて価格を低く抑えた花卉を出荷するといった具合に、同じ商品でも荷姿の差異化を図っている（会員㉓）。陳列台の状況を注視しながら、１日に複数回出荷する会員が多かった。出荷先が「グリーンファーム」１店舗のみの生産者も比較的多く、彼らの一部は、出荷し始めて間もなくして、他の会員と同様のやり方を続けていては利益を出しにくいことを学んだ。そこで、出荷時期をずらすことを思い立ち、大きな保冷庫を購入して端境期の出荷を計画している会員もいた（会員㉕）。農産物を収穫してそのままの状態で出荷することも可能であるが、見栄えを整えるための自作シールの貼付や、他の商品よりも幾分低い価格設定に努めることで、一定の利益を出せるようになったことについて口を揃えた。

続いて、「規格外品」型を概観することにする。リンゴ農家であれば、春の摘花の作業時などは労働時間が急増するために、パートタイム労働者を雇用することが欠かせない。出荷時も大掛かりな作業となるが、リンゴの多様なサイズと多様な形姿、色艶などを考慮し、同じ容量の袋に詰めた商品であっても、各々の販売価格を変える工夫が見られた（会員①）。単に商品を目にして買い物かごに物を入れていく普通の買い物ではなく、色々な農産物を手に取って納得のいく食品を品定めする楽しさについて、消費者にも実感してもらいたいという主旨での取り組みが行われていた。こうして、スーパーマーケットにはない直売所の長所としてバラエティを創れる豊かな受容力を挙げ、出荷の際には消費者目線で様々な工夫がされていた。一級品から規格外品まで、常日頃から多様な農産物の現物にふれている生産者目線の反映にほかならない。このほか、花卉生産については、年間を通して生産しやすい品種を中心に生産することが志向されていた。例えば、アルストロメリアの場合は8色を生産し、花を10～20本まとめて紐で括ってひとつの商品として出荷する際、色の組み合わせや本数などに差異をつけ、まとめ方の違いで価格を適宜変えるという。さらに、時々の相場や生産費次第で、まとめる本数にもしばしば変化をもたせるのである（会員③）。リンゴの出荷をメインとしながら、会員登録後に多様な商品を生産・出荷する重要性を認識し、所有する山林に自生しているキノコや山菜すら出荷して、自己利益を盛んに追求してきた（会員⑨）。店内のコーナーの縮小と拡充、あるいは繁忙期に合わせるかたちで、直接販売の準備に余念がない生産者の計画性を垣間見た。例えば、この地域の共販体制の場合、ブロッコリーであれば、1箱4kgのダンボール約70箱で春と秋に一括出荷、スイートコーンであれば、1箱10kgのダンボール約70箱で春に一括出荷することが要請される（会員⑪）。こうした従来型の出荷体制や内規に合わせられない農産物に加えて、長時間労働と過重労働を続けられない高齢農業者らが実に多いのである。生産者各自が共販と並行的に直接販売を実践することで自らのペースを取り戻し、創意工夫を凝らして規格外品の金銭化を図りつつ、収益性の向上につなげている現状であった。

（4） 多様な販路開拓、経営努力、生産者利益

最後に、最も多かった「販路開拓」型の生産出荷活動を明らかにする。その多くは、従来と同じ方法が直売販売では通用しないという認識から、最盛期と重ならないように農産物を出荷できる体制づくりを徹底していた。すなわち、端境期の出荷と消費者目線への立脚である。具体的な実践について見ると、作りやすい品種を作るのではなく、消費者の好評を博した農産物の生産に注力してきた。例えば、スイートコーンについては、「ゴールドラッシュ」という品種を自身の関心をきっかけにして生産し始めた（会員⑦）。開店以降も自由に出荷できるため、営業時間中に出入りして他の会員の商品を吟味し、次期に生産する農産物について常に考えを巡らせる。収益性を重視して多数の農産物直売所に会員登録し、さらに地元のスーパーマーケットの契約農家にもなることで、野菜の多品目生産によって高収益を確保する。伊那市の標高は500～700 mの標高差があり、清らかな水と良質な土壌の優位性もあるため、出荷時期をずらすことで競合を回避しやすいという意見が聞かれた。経営努力のエピソードに事欠かず、保存が効く農産物の出荷、商品の特徴や調理方法を書いたシールの貼付など、出荷品目や表示に創意を加える。消費者に認知されるにつれて、会員の名前を確認して買っていく消費者が確実に増えてきたことを実感し、中途半端なものを作れないという思いと、より一層良質で多様な商品を作りたいという思いが農業の原動力と語った（会員⑧）。なお、食品の加工業についても、地場産品と小規模生産者を尊重する経営方針から、地元農家や仲間会員に契約栽培してもらった地場産品を使った加工食品を製造する業者が多かった。

ここで、聞き取りができた会員の中でも、とりわけ特徴的な生産出荷活動に取り組んできた会員⑬の事例を紹介したい。この会員は、野菜は玉ネギを

生産し、キノコ類はシメジとブナシメジを瓶約200万本で生産する設備をもつ。卸売市場への出荷がメインだが、年間を通して同じ価格で販売できることを「グリーンファーム」への出荷の利点と見なす。卸売市場への出荷の場合は、販売価格がしばしば低廉化し、しかも先方から注文を受けて梱包する。一方で、直接販売の場合は、自社側の判断で自由に生産・出荷できるため、益するところ大という。具体的に見ると、卸売市場にシメジを出荷する場合、"オガ粉"付きの"株"と呼ばれる状態で出荷することが慣例である。しかし、現在では、様々な加工食品を製造販売できる技術がある。「グリーンファーム」では、消費者が調理しやすいように、"オガ粉"を切った"バラ"と呼ばれる状態で出荷してきた。例えば、ひとえにシメジといっても、全て同じサイズに成長するわけではない。ところどころに小さな"ミニ"のシメジが同じ"株"の中に含まれ、卸売市場への出荷に限られるのであれば、"ミニ"のシメジは廃棄を余儀なくされるという。こうした従来の実態に対し、直接販売であれば、"ミニ"のシメジだけを集めて梱包することで、新商品として販売できることを教えてくれた。さらに、"オガ粉"とシメジの中間に食せる部分があり、この部分も卸売市場への出荷ではロスになる。薄くスライスすることでホタテガイの貝柱のような見映えと食感のある珍味となり、同社は、これにカスタネットを意味する"パリージョ"の名称を付けて、「グリーンファーム」で販売してきた。このように、シメジひとつをとってみても、捨てる部分が全くない製造出荷スタイルを採ることができ、同時に商品開発力がつくようになったことを詳述した。

このほか、定年退職後に会員登録した会員は、仕事に対する現役のままの情熱を農業に注ぎ込み、第二の人生を謳歌するようになった。例えば、森林組合で長く勤務した会員の１人は、昔と同じように、所有する山林に入って伐採して出荷する。その際には、山菜やキノコ類も採って同時に出荷するが、やはり年間販売額はごくわずかである。ただし、自分の労力に合わせて、適度を考えながら働くことができるという。その少量出荷は通常の店では商品として扱われないが、「グリーンファーム」では生計の足しになることを労働の喜びとしていた（会員⑱）。このほか、高齢のために往時と同じ面積を耕作しても収量が減少していることを実感しながら、それでも出荷が適うことを望む会員や、ショッピングセンターや関連業者に小売りしながら一部を直接販売する会員のように、従来の出荷先の補助的な位置づけと捉えている会員もいた。

最後に、「グリーンファーム」で築いた人脈を活かし、近所の生産者仲間と生産者グループを結成し、大口需要者への直接販売にも乗り出した会員㉔の経営がきわめて精力的であった。この会員は、長く直接販売に従事した結果として、商品の売買を通じて人間的な関係が生まれ、伊那市や長野県のみならず、最近では東京の料理屋に向けて契約栽培するようになった。いまや年に数回は、料理屋の経営者や料理人らが、マイクロバスで畑を視察しに来るようになったという。大量生産のものではなく、料理人が生産者と畑をよく理解した農産物が求められるようになったため、数量よりも品質を重視するようになったことに言及した。「グリーンファーム」への出荷も維持拡大し、客数が多いうえに客層も幅広いため、多様な商品を出荷する必要を述べた。よく売れている旬の商品の出荷が最重要と認識しながら、臨機応変に新しい商品を入れていくことで、消費者の購買意欲を喚起し、自身のやりがいの向上にもつなげ、従来以上の経営努力を約束していた。今後の直接販売における多様な販路開拓と多様な人的ネットワークの拡充可能性を示すものであった。

5　小　括

本章は、長野県伊那市に立地する「グリーンファーム」の事例から、出荷会員の参入要因と生産出荷活動を明らかにした。

1985年から2010年までの伊那市は、増加の一途を辿る高齢者人口に対して未成年人口は減少基調にあった。総農家数が半減した過程で自給的農家だけは増加傾向にあり、2010年の農業就業人口の過半数が70代以上で構成され、自給的農家が総農家の6割を占めていた。こうしたなかで、規格外の農産物の商品化に向けて、1994年に「グリーンファーム」が創設された。第一義的に地域資源を活かしながらコミュニティにおける各種主体と様々な関わり合いを有し、地元小学校の総合学習の場や、新規就農者が歴年の専業農家と連携して農業の基礎から学べる場など、多様な共同の機能を担っていた。

参入要因の分析では、「販路開拓」「規格外品」「新規就農」「趣味」「近接」の5つに類型化され、従来型の流通チャネルに出荷してきた生産者による主体的な販路開拓と経営努力が「グリーンファーム」の興隆に寄与したことが明らかとなった。また、農業生産者が置かれた様々な不均衡と斉一ではない経営事情のもとで、直接販売が柔軟性を高めて多様な働き方の可能性を引き出す手段となることが示唆された。

生産出荷活動の分析では、従来に比して働き方の多様性が体現された農業生産が可能となっている現状が看取された。「規格外品」型は、サイズや形姿による販売価格の変更や、生産費に合わせた数量調整等に見るように、時々の諸経費や生育状況などの個別の事情に適した出荷スタイルを選択していた。他方で、「販路開拓」型は、高単価での販売を志向し、好評を博する農産物の生産出荷やPRシールの貼付などのように、消費者ニーズに応えるための多様かつ創造的な経営努力に努めていた。時間、空間、組織、性差・年齢差の4点において、生産者がもつ生産と出荷にかかる選択の自由度は、直接販売においてより一層尊重されていた。

その成長の源泉は、商品出荷にかかる規制が最大限に緩和されているという一点に集約される。自社側の裁量とそれぞれの社員の判断に基づいて臨機応変に生産・出荷できる点を活かし、従来の流通チャネルに出荷できない部分を加工して新商品として出荷する法人企業の事例や、農産物直売所への出荷を基軸に大口需要者との契約取引に至った生産者グループの事例は、これからの直売所や道の駅を展望するうえで特に重要である。日本の基幹的な流通チャネルの課題を補う手段として直接販売を評価できるだけでなく、将来の住民の生活の質の向上と人間発達、生産者利益と業容の拡大、ひいては農業生産力と生産性の向上につながる可能性を示すものである。生産者の労働環境と家族経営の内実に即応しうる農業の多様な働き方を模索することは、今後の農産業を展望するうえでも重要である。

註

はじめに

1）大野（2008）。限界自治体とは、65歳以上の高齢者が自治体総人口の半数を超える自治体であり、量的規定と質的規定の総体として捉えられる。限界自治体へのプロセスが格差分析によって明らかにされ、小規模自治体の地域再生が論じられた。第1に集落の状態に応じた対策、第2に流域共同管理、第3に地域住民による政策企画立案が課題とされ、実践主体となる住民による政策提起型の地域づくりが展望された。

2）我が国の地域政策の領域では、1977年に第三次全国総合開発計画の定住構想が提唱された。「限られた国土資源を前提として、地域特性を生かしつつ、歴史的・伝統的文化に根ざし、人間と自然との調和のとれた安定感のある健康で文化的な人間居住の総合的環境を計画的に整備すること」が基本的目標に据えられ、自然環境、生活環境、生産環境からなる人間居住の総合的環境に関する整備の方向づけがなされた。生産優先から生活優先へ、効率よりも公正や福祉の重視へ、という価値観の転換を共通認識とし、物的な施設の建設を要する施策のみならず、景観保全、文化的行事の振興、コミュニティの形成、効率的運営システムの開発などの非物質的な内容の施策も含まれた。また、地方レベルにおいては、1978年に東京都、神奈川県、埼玉県、横浜市、川崎市の5自治体がつくる「首都圏地方自治研究会」がシンポジウム「地方の時代」を主催し、市場経済や科学技術の急激な発展によって特徴づけられる近代社会が、ある種の行き詰まりを見せ始めた現代において、自治体レベルで問題解決に当たることの必要性が提起された。

3）例えば宮本は、北海道中札内村・池田町、長野県八千穂村・南牧村、大分県湯布院町・大山町、沖縄県大宜味村などの成功事例を挙げた（宮本1982）。

4）藤山（2011）。急速な人口減少や高齢化を中心とする現在の中山間地域の危機的状況を、高度経済成長以来の石油文明下で進行した社会構造的な問題とし、中山間地域だからこそ実現できる持続的な地域社会の可能性が考察された。定住を図るために地域内の人間関係のネットワークに着目することで、集落を超えた小学校区程度の基礎的な生活圏で暮らしを支えるつながりづくりが求められた。

5）宮口（2007）。地域づくりを「時代にふさわしい地域の価値を内発的につくり出し、地域に上乗せする作業」と定義し、「地域に新しい風を吹かせるためには、他地域から学び、場合によっては遠くの人の力を活用することも必要になってくる。このためには進んだ試みを行っている他地域や、遠くの専門家との交流が欠かせない」（48頁）と指摘した。

6）小田切（2011）。現代の農山村が抱える問題状況を、社会減少から自然減少への「人の空洞化」、農林地荒廃の「土地の空洞化」、集落機能の脆弱化の「むらの空洞化」という3つの空洞化にまとめたうえで、「誇りの空洞化」というより本質的な空洞化の進行も指摘した。限界集落を防止するポイントとして、行政による目配りや地域の外部人材の活用を挙げて、総務省による集落支援員制度や改正過疎法、農林水産省による中山間地域等直接支払制度といった国レベルの支援策を検討した。限界団地や限界商店街という新たな言葉にふれて、都市における高齢化の進展にも言及した。

7）小田切（2013）。地域をつくるのは自らの問題という当事者意識をつくるために、地域の足下から固有の資源を具体的に掘り起こす“地元学”と“都市農村交流”を求めた。来訪者の素朴な言葉が地域づくりの契機やエネルギーとなった経験から、都市住民の農山村での新たな発見や感動が逆に農村サイドに新たな自信を与え、“頭を下げる交流”から“地域を誇る交流”への転換が進むとみる「都市農村交流の鏡効果」を提起した。内発性に加えて、都市農村交流と外部主体による広域的な支援を地域の持続可能性を支える鍵とした。

8）青木（2008)、徳野（2008)。都市住民を巻き込んだ地域活動を行えば地域振興策になるという見込みから、行政主導で政策立案されて地域住民が地域活性化に関する事業に動員されているケースの多さを指摘し、農村住民の活動疲れを問題視した。そこで、都市農村交流を次の５つに類型化した。①他出子、婚姻型交流、②集落住民を軸とした地域活動型交流、③自然派・農的志向派都市民との交流、④都市住民との観光型交流、⑤総合事業型交流。

9）農産物直売所とは、既存の卸売市場を経由せずに、一定の地域で生産された農産物や加工品、その他関連商品を生産者が消費者に直接販売する組織的な流通チャネルである。また、単に「直接販売」という場合、直売所やファーマーズ・マーケットを経由する生産者から消費者への販売活動を意味する。本書では、直接販売と直売所（道の駅、ファーマーズ・マーケットなど）を随所で使い分けているが、前者は流通論的視点、後者は組織論的視点をその文脈で強調している。全国調査によると、1990年代後半に開設された組織が半数を超えている（都市農山漁村交流活性化機構 2007、80頁)。最新のデータでは、全国に１万6816組織が展開され、総販売額は8767億円に上っている（農林水産省 2011、１頁)。

10）直売所は、日本全国において都市・農村を問わず立地している（流通研究所 2010、２頁)。

11）蔦谷（2013)。ここでいう関係性とは、次のようである。①産消連携に象徴される生産者と消費者との関係、②地域コミュニティと重なる農家と地域住民との関係性、③農都共生とも呼ばれる農村と都市との関係性、④人間と生物・自然との関係性。④の観点から、持続性や循環も重要となる。したがってコミュニティ農業とは、有機農業をはじめとする持続可能で循環型の農業を必要条件とする。同時に、持続性と循環、多面的機能などを維持していくために、小規模経営や家族農業も重視し、地域農業として一体的な展開を前提とする。こうした、環境にやさしい農業、小規模経営の農業は、効率性や経済性が優先される社会では競争力を持ちえないが、生産者と農村との関係性をふまえて、消費者や住民、都市サイドが経済的に支えていくところにコミュニティ農業の核心があるとされる。

12）ここでの内発的または内発性とは、外からの働きかけによらず、内部から自然に起こることである。本書が依拠する内発的発展論では、多様性に富む社会変化の過程において、国内の地域に居住する住民や組織が、固有の自然生態系に適合し、文化遺産や伝統に基づいて、外来の知識・技術・制度などを照合しつつ、創意工夫によって自律的に発展を創出することを意図する。また、内発力という用語についても、そのような発展を創出する力を意味する。

第1章

1）第1に、資源や環境の総合的な利用と保全を図り、社会資本（社会的消費手段）を優先的に建設する。社会的損失を防止するための経済制度。第2に、住民の意思を地域開発計画に反映させる。住民の自発的参加に基づく民主主義的な政治と行政制度の確立。第3に、自然・人間の健康・経済・文化の全てに影響を与える地域開発。総合的な地域開発を判断できる住民の文化意識の高さ（宮本1980）。1980年代から、全国各地で先進的な地域づくりが行われた。

2）鶴見は、1960年代から1970年代にかけて、アメリカ合衆国を中心に研究されていた主流派社会学の「近代化論」を、西欧先進国（第1世界）とソ連及びソ連圏（第2世界）を除く全ての国（第3世界）の発展パターンを分析していた急進派社会学の「第3世界発展論」、ラテンアメリカとアフリカの研究者が展開していた「従属論」と区別した。日本や中国などの非西欧社会の経験をもとに、工業化パターンの多様性の理論化を目指す学際的試論を、「内発的発展論（土着的発展論）」と呼称した。この内発的発展論の草創期に、鶴見は、1975年6月に刊行された雑誌『知の考古学』の中で行われた、「近代を相対化する」と題した玉野井芳郎と増田四郎の対談を引用し、次のように述べた。「玉野井芳郎は、エコロジー経済学を主唱する。これは、特有の自然空間と人間との関係が各地域に成立していることを前提とする。我々が、地域の生態系の質的特殊性（それを固有の文化圏と呼ぶ）に適応した経済発展の仕方を考えることを提案する。このように、彼は、地域のまとまりを国家のまとまりよりも重視する。地域を文化の単位として捉えて各文化に最適の発展パターンがあるという主張は、近代化における多様な発展説につながる。彼は、現在の主権国家の縄張りを超えた新しい地域自治と地域連合を探求している。彼の研究は発展論の基礎を提供している」（鶴見1976、73頁）。また重森暁は、高度経済成長がもたらした大量生産・大量消費を批判した点を評価した。さらに氏は、エコロジーやエントロピーの視点で生産と生活のあり方を問い直した玉野井の業績を、松下圭一の「シビル・ミニマム論」の限界を超える理論として高く評価した。ただし、玉野井の地域主義が、人間と自然の共生を強調した反面で、人間の潜在能力の実現のための問題を正面から論じていない点について、次のように批判した。「地域主義は、地域のリーダーが住民から生活者に変わり、男から女へと変わっていることを指摘する。しかし、地域主義は、リーダーの主体形成を詳しく考察していない。しかも、地域主義は、地域の個性的発展を保障するために、共通の条件（法的・物的・社会的インフラストラクチャー）に関する意識的分析を欠いている。地域主義は、地域に入ってくる大工業と市場の原理または大企業や多国籍企業の圧力をいかに規制するかという問題に関する言及もほとんどない。こうした課題に応えるために、地域主義から「内発的地域発展論」の研究に向かうための詳細な考察が必要になると考える」（重森2001、25頁）。

3）玉野井は、沖縄県、鹿児島県の離島などで多く運営されている住民の共同出資による集落の商店、「共同店」の研究を残した。事例分析では、共同店第1号とされる沖縄県国頭村の「奥共同店」を取り上げ、生活必需品の販売だけでなくムラの生産活動、財政、福利厚生にも深く関与してきたことが明らかにされた。共同体の経済組織が集落の自治機能や住民の生活機能との連関性をもつことを示した（玉野井 1978c）。

4）古代ギリシアの都市国家アテネには、アゴラという市民向けの体内市場が開かれた。市域から離れたピレウス港には、対外市場（エンポリアム）が開かれた。そこでは「エンポリアム価格」（対外市場価格）が付き、海外の影響を受けて価格変動していた。それとは別に、アテネでは「アゴラ価格」（対内市場価格、公正価格）を設け、外からの入荷量を調整していた。つまり、ピレウス港のエンポリアム価格の不安定性をアテネ市民が直接受けないように、アテネが配慮していたとされる。

5）カール・マルクスは、「労働はさしあたり、人間と自然とのあいだの一過程、すなわちそれにおいて人間が、人間の自然との質料変換を自分自身の行為によって媒介し・規制し・統制する一過程」として、つまり労働過程を人間と自然の物質代謝の過程として捉えた。しかし、マルクスは、物質代謝の過程を自然生態系の基礎上に深めることをしなかった。その理由は、第1に、物質代謝が資本主義経済体制のもとでは、すべて商品形態を通じて行われるメカニズムを解明することが経済学的な主題とされたからであり、第2に、生産・消費過程から生ずる排泄・廃棄物はすべて母なる大地という自然に還元されるという生態系の循環システムを暗黙の前提にしていたためである。したがって、玉野井によると、マルクス経済学も狭義の経済学の領域にとどまっていると解された。「市場と工業を対象に無限に繰り返す生産と消費の経済循環や再生産を説明してきた」という意味で、「非生命系の経済学」と括る。それに対して、生産工程への原料の投入はポジの生産力を生むと同時に、廃物・廃熱・廃水というネガの生産力、すなわちエントロピーを増大させるという理解を前提とする「生命系の経済学」への転回を進めることで、人間社会の経済活動を生産から廃棄物処理までの過程が連続する循環システムとして捉える「広義の経済学」の構築を企図した（佐藤 2011、30-41頁）。

6）詳細は室田（1985b）を参照されたい。

7）玉野井（1977a）、213頁。残品転送、先取り、指標価格など、中央卸売市場を中心とする全国流通の問題点を指摘した玉野井の生鮮食品流通論は、玉野井（1977b）に詳しい。

8）別稿では、次の通り定義された。「内発的地域主義とは、一定地域の住民がその風土的個性を背景に、その地域の共同体に対して一体感をもち、経済的自立性をふまえて、自らの政治的、行政的自律性と文化的独自性を追求することをいう」（玉野井 1979b、26頁）。

9）玉野井（1979b）、26頁。文化的独自性という言葉を使用する理由は、次の理由による。文明は、地球的規模で一般化する傾向があり、画一性と無性格という性質をもつ。これに対し、「文化」は、英語のculture（耕されたところ）が示すように、農耕から派生して生活に根差した人間の営みを表すものである。それゆえに、「文化」は、非常に個性的で非画一的である。一方で、科学技術の進歩が示すように、文明は限りなく増進する。要するに、玉野井は、「文明自身が自己規制の動力をもつ」と考えられないため、人類が自己増殖する文明を放置することで、近い将来に文明そのものが崩壊することを危惧したのである。例えば、原子力エネルギーの実態に歴然と表れる。このような文明の異常性を規制して地球の破綻を救済できるのは、人間と文化である。本来、文化は地域的なものであるから、地域文化は文明の抑制を可能にすると解された。

10) タグ・ハマーショルド財団の定義は、次の通りである。「人間集団が、自分たちのもつもの（自然環境、文化遺産、男女のメンバーの創造性）に依拠し、他の集団との交流を通して自らの集団をより豊かにすることである。そうすることで、人間集団は、それぞれの発展様式と生活様式を、自律的に創造することができる」（鶴見 1996、8 頁）。我が国では、鶴見が、1975 年に発表した英文論文 “Yanagida Kunio's Works as a Model of Endogenous Development”（内発的発展のモデルとしての柳田國男の仕事）で、内発的発展という言葉を初めて記述した（鶴見 1999、391 頁）。

11) 鶴見（1980）、189 頁および鶴見（1996）、6 頁。その後、鶴見は「1974 年に私は内発的発展という言葉を作りました。この言葉を最初に使ったのは夏目漱石です」と、着想の経緯を記載した（鶴見 1998、368 頁）。

12) 鶴見（1974）、150 頁。日本では、原始→古代→中世→近代という区分が明確ではなく、人間関係や生活習慣、精神構造は「だらだらじりじりと目立たずに移り動いてきた」。その結果、現代の中に、原始から近代までの様々な社会構造や精神構造が、入れ子細工のように併存する。このような柳田國男の見方は、断絶の歴史を重視する西欧の歴史観とは異なるものとされた。

13) 鶴見は、ジェシー・バーナードが提起したコミュニティ概念の三要素（場所、共通の紐帯、社会的相互作用）を置き換えて、「地域」を定義した。場所は定住地、定住者、定住性である。共通の紐帯は共通の価値、目標、思想である。また、社会的相互作用は、定住者間の相互作用、定住者と地域外からの漂泊者との相互作用である。すなわち、「地域」は、定住者と漂泊者と一時漂泊者が、相互作用して新しい共通の紐帯を創造する可能性のある場所である（鶴見 1989、53 頁）。

14) 鶴見（1989）、56 頁。第一システムは政治権力、第二システムは経済権力である。

15) 鶴見 1989、58-59 頁。近代化論は経済成長を主要な発展の指標とする。しかし、「内発的発展論の主要目標は人間の成長であり、経済成長は内発的発展論の条件にすぎない」（鶴見 1996、39 頁）。

16) 安東（1986）。この研究は、地方経済を評価するために「発展」と「成長」を区別し、1960 年代以降の日本の地方経済を「発展なき成長」と評価した。ここでいう「成長」は自分の身体が大きくなることであり、「発展」は自分で自分を大きくする力を高めることである。氏は、1960 年代以降の地域開発の結果として、地方の産業構造の高度化、地域内 GNP の増大、人口１人当たりの所得格差の縮小を指摘した。ただし、1960 年代以降、地域の労働力・土地・水などの地域資源の相対的な価値の低下を指摘し、地域が自力で成長する力が育成されなかったことを批判した。

17) 成瀬（1983）。この論稿は、「自治体が取り組めない多様な生活問題の解決を目指す事業体として、住民の自主的な活動と学習の場として、協同組合は、将来にわたってその独自の役割を失わない」と指摘した。そして、ICA（国際協同組合連盟）が発表した『西暦2000年における協同組合』（通称、レイドロウ報告）で、その将来的な役割として「食糧」「雇用」「流通」を含めて「地域環境」（「協同組合地域社会の建設」）の提起に注目した。なお、その後の丹後リゾートの事例研究は、リゾート法に基づくゴルフ場の地域開発が、地域資源や環境を活用しないだけでなく、地域内経済循環を創出しないことを指摘した（成瀬1992）。このような「運動論としての内発的発展」ではなく、行政主導の「政策としての内発的発展」を実現しようとする際には、住民への強制力が働き、その最重要の原則である住民の主体性や自発性が損なわれるリスクを孕む。詳細は「内発的発展のジレンマ」（奈須2000）を参照されたい。

18）地域経済の振興を目標とする地場産業論は、多様な発展のひとつにすぎない。この点をふまえて、単線的な発展論のオルタナティブとして提起された内発的発展論が、狭義の経済成長論に矮小化されかねないという課題が挙げられた（帯谷2002）。

19）「創造農村」は、住民の自治と創意に基づき、豊かな生態系を保全しながら固有の文化を育む農村である。また、新たな芸術・科学・技術を導入し、職人的ものづくりと農林業の結合による循環的な地域経済をもつ農村であり、グローバルな環境問題やローカルな地域社会の課題を解決するために、「創造の場」が豊かな農村である。創造農村に固有の条件は次の4点である。①村落共同体やコミュニティの自治と創意の重視、②豊かな自然と生態系を保全する過程で固有の文化を育むこと、③都市と連携した芸術・科学・技術の導入と職人的ものづくりの重視、④自律的で循環的な地域経済をもつこと（佐々木2014）。

第2章

1）この立法が生まれた重要なきっかけのひとつは、都会の業者が生産者や供給者をコントロールするという縦の管理パターン、一部の業者による漁村の水揚げ独占、そして、過去半世紀のほとんどの間、日本橋魚河岸を特徴づけてきた投機的取引、といった諸問題に対処しようとする動きであった。また新市場システムは、猟師から消費者に至る商品の流れの、その各段階において競争と公開取引とを推奨することによって、垂直統合に対してバリアを張ろうとしたことで説明される（Bestor 2004、訳書353頁）。

2）吉田忠（1978）。また、卸売会社の力の強さの一例として、価格決定力、巨額な販売手数料、注文（品質、規格、荷造り方法、等級、選別、出荷時期など）、出荷勧誘（生産地における懇談会、会社の宣伝、組合幹部の接待など）、前渡し金（出荷契約によって融通する資金）、報奨金（比較的大きな産地に対して割り戻す資金）などがあり、これらが支配的な手段として作用する卸売市場流通の仕組みにおいては、生産者側の弱さ、生産者利益の相対的低位性が否めない（御園1953、114-133頁）。

3）卸売市場とは、野菜、果実、魚類、肉類、花き等の生鮮食料品等の卸売のために開設される市場であって、卸売場、自動車駐車場その他の生鮮食料品等の取引及び荷さばきに必要な施設を設けて継続して開場されるものをいう（卸売市場法第2条第2項）。なお、卸売市場流通という場合、卸売市場を介在する流通を指す。

4）同法に基づいて中央卸売市場を設立したことは、長年にわたり問屋という独立した店舗を構えて卸売業を営んできた問屋制度の廃止を意味した（小林ほか1995、26頁）。

5）生産者補給金の交付や野菜供給安定制度の対象は、一定要件を満たす指定産地（大規模産地の出荷団体）に限定され、多品目生産による個人出荷を特徴とする都市近郊の中小規模産地は、この施策の対象外であった（橋本ほか編 2004、128 頁）。

6）JA グループは、組合員が生産した農畜産物を集荷・販売する「販売事業」を手がけている。販売活動の如何が組合員の所得を左右するため、最も重要な事業に位置づけられる。この過程では、需給調整や付加価値向上のため、一定期間、生産物を貯蔵・保管、加工する場合もある。このようなグループの販売事業は、JA 共同販売を略して「共販」とも呼ばれる。共販によって農畜産物の数量がまとまり、一定レベルの品質が均一に揃い、より良い条件で販売することが可能となる。並行して、JA が直接に、生協等の消費者組織や量販店、小売店、外食産業等に販売する傾向が強まっている。消費者に対する「直接販売」の動きも顕著で、農産物直売施設などの独自の店舗を設置する単位 JA も増えている。JA グループは、JA ならではの強みを活かして集客を図るべく、ファーマーズマーケット（直売所）事業の維持・拡大を目指している（JA グループ経済事業 HP）。

7）農林水産省 HP 卸売市場情報（http://www.maff.go.jp/j/shokusan/sijyo/info/）「卸売市場制度の概要」。

8）卸売市場と産地の取引は原則として委託取引とされているので、卸売業者が出荷者に発注する行為は原則ありえず、出荷期前の打ち合わせによって計画出荷される。ゆえに、卸売業者が出荷者に日々数量発注することはなく、供給過剰の場合には価格低下で需給調整される（日本農業市場学会編 1999、26-28 頁）。

9）卸売業者が出荷者から生産物を受ける方法は、委託集荷と買い付け集荷に大別される。前者は、値段を決めずに出荷者が卸売業者に販売を委託する方法であり、後者は、値段を決めて卸売業者が出荷者から買い取る方法である。

10）卸売市場では競売（セリ取引）が原則とされていたが、1971 年に制定された卸売市場法の第 34 条で、販売方法の枠が拡大されたことに留意されたい。セリ原則の例外として、一定の規格または貯蔵性を有し、かつその供給事情が比較的安定している生鮮食料品等、及び品目または品質が特殊であるため、需要が一般的でない生鮮食料品等が特定物品として指定され、事前に開設者に届け出をするだけで、これらの相対取引が可能となった。

11）建値形成市場とは、多くの卸売市場の価格形成に相対的に強い影響を与える卸売市場である（農産物市場研究会編 1991、162-170 頁）。

12）経営耕地面積が 30 a 未満かつ農産物販売金額が年間 50 万円未満の農家。販売農家以外の農家。

13）農産物市場研究会編 1991、136 頁。農林水産省が 1996 年に発表した「第 6 次卸売市場整備方針」を受けて、大規模単作産地と大都市地域の直結を基軸として、広域大量流通体制を強化していくことが基本的な政策方向となった。国内産地のスクラップ・アンド・ビルドを繰り返しながら、生産構造が劣弱化する状況と輸入が急増する状況が同時進行した（小野・小林 1997、69 頁）。

14）食品需給研究センターによる出荷者へのアンケート調査では、市場絞り込みの理由として「農協の大型・広域合併にともなう出荷単位の大型化により、これに対応できる市場・業者に出荷対象を集約する」というものが挙げられている。同時に JA は、定時・定量・定品質による大型需要に応えられる産地づくりや、資本集約的な集出荷施設を核とした物流体制などハード面の高度化とともに、共同計算の徹底、情報ネットワークの精緻化、拠点市場への絞り込みによるコスト低減など、ソフト面の濃密化も進めてきた（小野・小林 1997、30-33 頁）。

15）例えば、大阪府下では、各産地の規模・性格をベースに、輸送諸条件、出荷品の商品特性、市場での評価、卸売業者との信頼関係などが、市場選定の重要なファクターとなる。こうした中、大阪府下の共販を 2 形態に別けると、京阪神などの近隣市場を出荷圏とする JA と、全国市場を出荷圏とする JA に大別される。概して、前者は多品目・軟弱野菜や果菜類を扱う JA であり、後者は多品目・重量野菜や果実を扱う JA である（小野・小林 1997、61 頁）。

16）青果物集出荷経費調査報告の昭和 41 年版によると、かつては 1 か月以上に及ぶ出荷期間が設定された産地が多かった。荷姿についても、当時は「結束」「ビニール包」「網袋」「竹かご」「ポリ袋」「紙袋」「バラ」「すかし木箱」「ネット」「かや俵」から「無包装」に至るまで、少量かつ多様な出荷形態が許されていた。なお、紙幅の関係で省略したが、トマト、キュウリ、ピーマン、ホウレンソウ、タマネギ、レタスなどの傾向も同様である。

第 3 章

1）身土不二とは、身（行為の結果）と土（身の拠り所となる環境）は切り離せない、という意味の仏教用語であり、地元の旬の食品や伝統食が身体に良いとする考えである。

2）地産地消とは、地域で生産された様々な農産物や水産物等の資源を、その地域で消費することである。1981 年当時の農林水産省生活改善課が、当年から 4 年計画で実施した「地域内食生活向上対策事業」による。地域生産地域消費。

3）滝澤ほか編（2003）、95-96 頁。なお、アメリカ合衆国でファーマーズ・マーケットが急増した背景には、1976 年に “The Farmer-to-Consumer Direct Marketing Act” が成立した影響がある（Brown 2001）。

4）卸売市場外流通とは、卸売市場法に基づいて開設されている卸売市場を経由しない流通形態であり、生産者と消費者、生産者と小売店などが、中間業者を排して垂直的に結合することで互いの利益を追求し合う流通の一形態である（御園・宮村編 1981、234 頁）。

5）卸売市場外流通の伸長に伴い、卸売市場制度が確立する以前の主要な流通システムであった原基型流通システムなどのサブシステムの多様化が進んでいるとされる。当該サブシステムは、次の 6 通りである（藤島ほか 2009、64-67 頁）。①原基型流通システム（青空市場、振り売り、直売所等を経由）、②物流業者介在型流通システム（一部の宅配便会社、郵便局のふるさと小包等を経由）、③小売業者主導型システム（スーパー産直等を経由）、④中間業者主導型流通システム（消費地問屋等を経由）、⑤大口需要型流通システム（加工食品会社、レストラン等を経由）、⑥準市場型流通システム（全農集配センターを経由）。

6）例えば、農産物直売所、道の駅、産直、朝市がある。道の駅とは、日本の自治体と道路管理者が連携して設置した施設で、商業、休憩、地域振興に関する諸機能をもつ道路施設である。国土交通省（当時の建設省）が1993年に正式登録し、2019年6月時点の登録数は1160箇所である。産直とは、「中央卸売市場を経由せず、セリ取引を原則としない流通方式。また、支配的な流通への対抗のために開発された流通方式」（秋谷1978、8-12頁）と定義される。

7）農林水産省（2012）。なお、2004年の調査では、2982箇所の直売所（回収数2374）、1686箇所の農産加工場（回収数1107）、1672箇所の「公立の小学校と中学校の単独の調理場」と共同調理場（回収数1636）を対象に、郵送法でアンケート調査を実施した。

8）直売所を開設した三大目的は、「生産者の所得向上」（74.8％）、「地域農業の振興」（67.5％）、「地域活性化の拠点づくり」（58.3％）である。また、その効果は、「生産者の所得向上」（73.7％）、「生産者の生きがい」（63.7％）、「高齢者の生きがい」（51.1％）の順である（農産漁村交流活性化機構2018、7頁。

9）山本・岡本（2014）。2013年4月時点で国土交通省に登録されている1004箇所の「道の駅」のうち、1000箇所を対象に郵送法でアンケート調査を実施した。回収率は51.3％。

10）日本政策金融公庫（2012）。2011年11月、全国の20歳以上の消費者を対象に、インターネット調査を実施した。回収数は1025枚。

11）株式会社流通研究所（2010）。2009年9月25日から12月28日まで、常設かつ有人かつ通年営業（週3日以上）の5001箇所の直売所を対象に、郵送法でアンケート調査を実施した。回収率は16.8％。

12）甲斐（2009）、15-24頁。ここでのホスピタリティ機能とは、「生産者を心身ともに元気にする身体的・精神的健康増進機能、消費者を温かくもてなす機能」と定義された。

13）満永（1984）、189-204頁。この論考は、「仕事が山積みなので雨の日も休めない」という単一世帯の主婦の発言を取り上げて、農業における過重労働がもたらす家事労働の不足という生活面の犠牲が見え隠れすることを示唆した（199頁）。

14）産直とは、「中央卸売市場を経由せずセリ取引を原則としない流通方式であり、それは従来の支配的な流通方式に対して対抗力を発揮しようとの意図のもとに開発される流通方式」と定義される。その事業主体は、産地側では、生産者個人、任意の生産者グループ、単位組合（農協、漁協等）、県組織（県経済連、県魚連等）、全国組織（全農、全魚連等）、商業資本（産地仲買人、産地問屋等）であり、消費地側では、任意の消費者グループ、生協、連合組織（日本生協連等）、ローカルスーパー、大手スーパーチェーン、小売商集団、中間商人資本（商社、消費地卸・消費地問屋等）などである（秋谷1978、8-12頁）。

第4章

1）飯坂（2007）は、農産物直売所に関する既往研究を、農産物流通論の観点を重視した研究、農業運動論的な観点を重視した研究、都市農村交流及び農村経済多角化の観点を重視した研究、マーケティングの観点を重視した研究に分類し、これまでの経緯と近年の論点をふまえたうえで、直売所が成立して展開を遂げてきた背景として以下7点を挙げている。①食への関心の高まりと食行動の多様化、②余暇時間の増大と都市農村交流への関心の高まり、③生産者の高齢化・兼業化による農協共販体制の変化、

④大規模化・遠隔地化が進んだ卸売市場流通への小規模産地の対応策、⑤水田転作への対応と農産物自給運動の結果としての余剰農産物の販路開拓、⑥農村部における食品小売業の衰退と非農家の増大による農産物需要の拡大、⑦行政による直売活動の支援。

2）和歌山県では、自治体ごとに特定の品目に限定した生産と出荷が行われてきたわけではなく、戦後から1970年代前半にかけて生産量が大きく伸長するとともに、生産される品目は多種多様に展開されてきた。

3）このような地理的性格が色濃く反映された流通構造は、地域の農産物の生産・出荷形態に影響を与えることになり、和歌山県の直接販売が拡大するうえで絶好の環境を提供したと考えられる。

4）主要な地方卸売市場の卸売数量の1997年度以降の値は不明である。

5）大産地による自県産シェアの肩代わりが行われている現状について、有数の青果物産地である九州各県においても、北海道や関東からの野菜の入荷が増加していることが明らかである（荒木2009）。また、和歌山市、松山市、大分市の中央卸売市場における青果物需要の比較研究では、他の2市場と比べて和歌山市中央卸売市場は、北海道や長野県のような遠隔地の大規模産地からの入荷シェアが高く、その背景として、京阪神圏に隣接する和歌山県の地理的特性が挙げられる（荒木2000）。

6）直売所の組織形態は、生産者個人が設置している形態と集団で設置している形態の2つのタイプに大別でき、和歌山県の集団設置形態は、活動支援組織と事業内容によって以下5点に分類される（辻1999）。第1に生活改善グループや高齢者グループ等の生産者グループが生産物を持ち寄って自主的に運営する「農家グループ直売所」、第2にJAが部会組織等を通じて農家を組織し、販売活動を支援する「JA直売所」、第3に町村役場や町村農業公社が建物の設置や販売員の雇用、運営等を支援する「町村支援ふるさと産品直売所」、第4に観光農園が販売事業の一環として参加農家の生産物を販売する「観光農園」、第5に広場や沿道等の固定した場所で週1回から月1回程度開催され、短時間で農産物を販売する朝市である。これに加えて、「JA直売所」は都市近郊地域である県北部に多く、「町村直売所」は人口が少ないが観光客の多い県中南部の中山間地域に多く設置され、人口の少ない県南部地域は朝市や無人店が多いとされる。

7）人口密度／組織数は、滋賀県3.0、京都府1.9、大阪府19.2、兵庫県1.7、奈良県3.4、和歌山県1.3となった。

8）JA紀の里は、旧那賀郡の打田町農業協同組合、粉河町農業協同組合、那賀町農業協同組合、桃山町農業協同組合、貴志川町農業協同組合の5つのJAが合併し、1992年に発足した。和歌山県内におけるJAの広域合併第1号に位置付けられ、2008年には岩出町農業協同組合が合併して現在に至る。

9）紀の川市における販売農家の経営耕地面積3215ヘクタールのうち、水田は31.6%、畑地が4.1%、樹園地が64.3%の構成である。一方、岩出市における販売農家の経営耕地面積393ヘクタールのうち水田は89.8%、畑地は4.6%、樹園地は5.6%である。和歌山県における販売農家の経営耕地総面積は2万3473ヘクタールで、水田が28.4%、畑地が5.2%、樹園地が66.3%の構成割合である。また、全国の販売農家の経営耕地総面積の構成比は水田が約56.2%、畑地が37.4%、樹園地が6.4%である(2010年農林業センサス)。

10) JA紀の里販売部提供資料によると、「めっけもん広場」の2011年度の販売額の内訳は、野菜が約8.1億円、果実が約8.6億円、花卉が約2.5億円、加工食品が約3.5億円、手工芸品が約0.4億円、畜産物が約1.4億円、米が約1.1億円、その他が約0.6億円であった。参考までに、JA紀の里が管轄する旧那賀郡(紀の川市と岩出市)の2011年度の農業産出額は約183.8億円であった。その内訳は、野菜が約26.7億円、果実が約118億円、花卉が約8.3億円、米が約16.4億円、その他が約14.4億円であった(和歌山県2011より抜粋)。

11) 登録会員のうち、実際に「めっけもん広場」に出荷したことのある出荷会員は1400人ほどである。

12) 店頭には、出荷会員の自由と責任を明示したスローガンが掲げられていた。スローガンでは、安全・安心で新鮮な農産物の提供に全力を尽くし、地産地消活動で豊かな環境づくりを進めて地域社会に貢献することが提示され、ルールを守って真心と笑顔で楽しい店づくりに努めてJA紀の里の事業に積極的に参加し、生きがいと協同を推進することが謳われていた。

13) JA全中の2008年の調査では、「めっけもん広場」は、JAが運営する全国の直売所の中で最大となる約26億円の年間販売額を上げた。これに次いで愛知県の「はなまる市」が約20億円で、以下は福岡県の「伊都菜彩」が約19億円、愛媛県の「周ちゃん広場」が約18億円、兵庫県の「六甲のめぐみ」が約17億円と続いた。JAの農産物直売所1店舗当たりの年間販売額は約1.4億円(農林水産省2012)であるから、上位に挙がる直売所の販売額の高さは自明である。付け加えれば、「めっけもん広場」は開設の翌年には年間販売額が14億円を突破し、初期の年間販売額を見ても全国屈指の販売額を有していた。

14) 直売所の客単価は1000円程度と推定されている(都市農山漁村交流活性化機構2007)が、「めっけもん広場」の場合は2001年度のアンケート調査では2500円以上と報告され(辻ほか2004)、別の調査では約3500円(中小企業診断協会2011)、今回の調査では5000円を上回った。

15) 直売所は仕入品で品揃えを強化するところが全体の半数に上り(都市農山漁村交流活性化機構2007)、最近の直売所における農産物の仕入品販売金額は増長傾向にある(農林水産省2008;農林水産省2012)。「めっけもん広場」における仕入れの特徴は、仕入量もさることながら広域性にあり、2010年度の取引額は約2億6000万円であった。提携先は、以下31JAである。JAいわて花巻(岩手県)、JAさくらんぼ(山形県)、JAあぐりすかがわ岩瀬(福島県)、JAかしまなだ(茨城県)、JA北つくば(同)、JA瀬波伊勢崎(群馬県)、JA千葉みらい(千葉県)、JAはだの(神奈川県)、JA福井市(福井県)、JA長野八ヶ岳(長野県)、JA上伊那(同)、JAめぐみの(岐阜県)、JAあいら伊豆(静岡県)、JAふじのみや(同)、JA大井川(同)、JAいび川(同)、げんきの郷(愛知県)、JAいなべ(三重県)、JAこうか(滋賀県)、JA大阪泉州(大阪府)、JA兵庫六甲(兵庫県)、JA丹波ささやま(同)、JAわかやま(和歌山県)、JAグリーン日高(同)、JA紀北かわかみ(同)、JAながみね(同)、JAありだ(同)、JA紀南

（同）、JA 鳥取中央（鳥取県）、JA 周南（山口県）、JA おきなわ（沖縄県）（2012 年 6 月時点）。

16）仕入品は年度や時期によってその都度変化するが、例えば、JA さくらんぼ（山形県）のサクランボ、JA いわて花巻（岩手県）のリンゴ、JA はだの（神奈川県）の落花生、JA 長野八ヶ岳（長野県）のハクサイやキノコ類、JA 鳥取中央（鳥取県）のナシ、JA 周南（山口県）のレンコン、JA おきなわ（沖縄県）のラッキョウなどである（2011 年秋季）。

17）消費者へのアンケート調査は、2011 年 9 月の日曜日と月曜日の連続 2 日間にわたり、「めっけもん広場」の店内で実施した。調査方法はレジを通過した消費者に声をかけて調査票を配布し、調査票に質問項目に対する回答を直接記入してもらい、調査票をその場で回収した。当該調査は両日とも営業時間の午前 9 時から午後 5 時にかけて終日実施し、2 日間の平均利用者数の約 5％（JA 紀の里販売部提供資料より算出）に当たる 249 人から回答を得た。

18）かつて見られたような直売販売が再登場するようになった要因のひとつとして、細川（2001）は、地場物や顔の見える流通に対する消費者の支持と期待の強さを強調した。

第 5 章

1）この地域は、工業整備特別地域整備促進法（1964 年制定、2001 年廃止）によって「工業の立地条件がすぐれており、かつ、工業が比較的開発され、投資効果も高いと認められる地域」（第 1 条）とされ、「工業整備特別地域」に定められた。「周南地区」のほか、「鹿島地区」（茨城県）、「東駿河湾地区」（静岡県）、「東三河地区」（愛知県）、「播磨地区」（兵庫県）、「備後地区」（広島県）が指定され、工業が促進された。

2）2010 年世界農林業センサス報告書及び 2010 年国勢調査によると、総人口に占める販売農家の農業就業人口の割合は、周南市は 1.6％、下松市は 0.4％、光市は 1.4％に対し、山口県平均は 2.4％、全国平均は約 2％であった。

3）JA 周南が運営する他の「100 円市」も「下松店」と同様に、2010 年 4 月までに農産物直売所としてリニューアルされた。

4）売れ筋商品トップはキュウリで、以下は、苗（74 円）、シイタケ、ネギ、惣菜類、御飯、小菊、ホウレンソウ、トマト、菓子、タマネギ、苗（53 円）、サカキ、野菜苗、バレイショ、ピーマン、花卉類、卵、西洋ニンジン、パンの順である（2010 年度）。

5）現在、このシステムによる販売データを店舗運営や農産物の作付けに活用することで、効率的な農業展開が図られている。

6）一例として、1 万円を超える価格設定が珍しくない洋ラン、100 円での販売が容易ではないブドウのような農産物を、「そのままの形」で販売できるようになった利点がある。

7）大規模なリニューアルが行われたことに伴い、「下松店」には農産物の販売施設以外に、料理講習会やミニイベントを開催するための「食農ひろば」、地元産の玄米だけを販売する「玄米屋さん」が併設された。後者では、常時 5 種類のブランド米が販売され、こだわりをもつ利用者から支持を集めている。このほか、「おむすび亭」で弁当や軽食を提供し、「来んさいさろん」では貯金やローン、共済、不動産などの相談を受け付け、旅行の申し込みもできる。

8）出荷した当日中の残品回収を課す直売所では、出荷するための時間や手間が余計にかかり、1日に2回も往復しなければならない点が課題として挙げられる（野見山 2002）。

9）減少の理由を尋ねたところ、70歳を過ぎて体力の低下を実感するようになり、従来の農作業量を消化することが困難になったという年齢的な事情で、「下松店」の開設とは無関係であった。

10）出荷する直売所を定めず、複数の直売所に出荷する場合、出荷に余計な時間や経費がかかる。加えて、残品が発生した際には、引き取りのために倍加のコストを要する。しかし、このような事実を勘案しても、1店舗のみに出荷するよりは、多くの利益を得られると考えられていた。出荷に際して、できるだけ残品を減らしたいという達成意欲が見られた。

11）道の駅全体の年間販売額は7億2300万円、従業員は58人である（2010年度）。

12）冨永昌枝社長は「からり直売所の目的は、地域振興ではなく、あくまでも地域農業振興。品揃えを充実させる目的で、仕入品を販売しないようにしている」と語った（2012年3月時点）。

13）この5年あまりの販売額は停滞傾向にあるが、第一次産業の町内総生産額（2010年度37億5600万円）との比較ではその11%ほどを占め、「からり」は町内の農産業にとって等閑視しえない位置を占めていた。

14）価格設定の際には、日本農業新聞や地元のスーパーマーケットのチラシ等を参考にすることで、より安価な設定が奨励されていた。例えば、筆者が訪れた2012年2月中旬では、小城市のホウレンソウの市場価格は200 gが198円であったのに対し、「ほたるの郷」では250 gが120円で販売されていた。

15）常設店が、スーパーマーケットやデパート、イベント会場など店頭以外の場所で商品を販売すること。この文脈では、給食センター、ホテル、料理店等への納入も「広義の出張販売」と見なされる。

16）全国各紙において「地産地消」の用語が佐賀県版に用いられるようになったのは2001年以降で、用語の初出は、朝日新聞の2001年5月、毎日新聞の2002年2月、読売新聞の2002年4月の順である。

17）例えば、宮島氏は、「ほたるの郷」開店前は7～8アールにすぎなかった耕地面積を、現在では30アール以上に広げたという。

18）農山漁村地域において自然、文化、人々との交流を楽しむ滞在型の余暇活動（農林水産省都市農村交流課）。

第6章

1）「地域」の捉え方は多様であるが、アンケート調査では、住民の約6割が市区町村（合併以前の市区町村を含む）を「地域」と捉えている。「市区町村」45.8%、「町丁目、大字または町内会、自治会、区」20.5%、「平成の市町村合併前の旧市町村（支所など）」6.5%、「校区（地元の小学校や中学校）」5.4%、「昭和の市町村合併前の旧市町村」

4.8%、「買い物圏内（日用品）」4.6%など、これに対し「地方ブロック」3.0%、「都道府県」2.7%（2015年版中小企業白書、400頁）。

2）同一の種類の行為者間関係ではなく、行為者とその属性（例えば、社員と企画）の関係が線で示されるグラフ。2部グラフでは、どの行為者が最も多くの属性を保持しているのか、いずれの属性が最も多くの行為者に共通しているのかを把握できる。このような関係を表した行列を「接続行列」（incidence matrix）という（安田2001、48-50頁）。

3）中心性の定式は、若林（2009）、249頁を参照されたい。

4）対象とした伊那市のコミュニティの人口は、2016年4月現在で291人である（住民基本台帳及び外国人登録原票）。

5）ネットワーク構造を把握するためのアプローチは、ソシオセントリック・ネットワークとエゴセントリック・ネットワークに大別される。前者はネットワークの全体像を押さえてから個々の内部の行為者の特性を見ていくという、ネットワーク全体を分析する方法である。これに対して後者は、特定の行為者が自己の周りに取り結んでいるネットワークを特定したうえで、行為者を中心としたネットワークを分析する方法である（安田1997、13-19頁）。

6）分析対象とした地域企業は伊那市のタウンページより抽出された。

7）創設の背景や総合理念、組織的特徴は、第9章に記しているように個々の生産者の視点に立った内容である。また、会員資格を得るための要件は、希望者であれば全ての者が満たしうる緩やかな基準に従っている。

8）650万円から28億8000万円までの差額がある地域企業の年商については、当該ソフトで可視化することができなかった。

9）Kコア分析では、ネットワークのなかで次数の多いノードに着目することで、リンク密度の高い部分を抽出できると考え、ネットワークのすべてのノードの次数がK以上になっている部分をKコアとし、かかる最大連結成分をコミュニティと捉える。

10）インシデンス行列のネットワークデータは、転置行列の乗算によって重みつきのソシオグラムが形容されるデータに変換される（安田2001、51頁）。

$$A \times {}^{t}A = \begin{pmatrix} 1 & 1 & 1 & 1 \\ 1 & 1 & 0 & 0 \\ 1 & 0 & 1 & 1 \end{pmatrix} \times \begin{pmatrix} 1 & 1 & 1 \\ 1 & 1 & 0 \\ 1 & 0 & 1 \\ 1 & 0 & 1 \end{pmatrix} = \begin{pmatrix} 4 & 2 & 3 \\ 2 & 2 & 1 \\ 3 & 1 & 3 \end{pmatrix}$$

第7章

1）これらの研究は、農産物直売所が地域外から資金の流入を図っているか否か、また地域内に資金を供給する機能を果たしているか否かについて、事例を通じて分析したものである。すなわち、地域間及び地域内に資本・価値循環を生み出す役割を担っていることを、「売上高」「調達額」「賃金・給与」のそれぞれの取引の地域的エリア、また「利潤の費用化部分」から生み出される「金融費」「管理費」「その他費用」の取引の地域的エリアによって検討する方法論を提唱した。この分析法の定式化によって、地域内経済循環の客観的かつ平明な把握が可能となった。

2）京都市中心部から里の駅大原までの所要時間は、車で国道367号を通行して約30～40分である。

3）店を構えずに、商品名を大声で叫びながら売り歩く商業の一形態、またはその行商人。平安時代から見られたが、鎌倉時代・室町時代には、近郊農村から訪れて商売する者や、社寺の祭礼などの日に門前や境内で商売する者も、振り売りと呼ばれた。笊、木桶、木箱、籠などを取り付けた天秤棒を担いで商品やサービスを売り歩く姿から、棒手振あるいは棒手売（ボテフリ）ともいう。江戸時代に最盛期を迎え、各業種にわたって広く存在した。京都では大原女が著名であるが、白川女や桂女もよく知られている。

4）京都・北山の奥地は丹波林業地帯が広がっており、かつては大原地域のような京都に近接する山間地から、建築用材や薪炭や柴が洛中にもたらされた。大原女の歴史を紐解くと、洛北の山里の道のりは遠くても、生活は洛中と密接に結ばれていたことを窺い知る。しかし、このような歴史は、化石燃料の利用が広まることで徐々に失われていった。大原女に関する一次史料は限られるが、岩田英彬は、昭和20年代後半に柴と薪の需要が減少して大原女が減少していった経緯を記述した（岩田1984）。また橋本暁子は、明治期の京都の都市住民が定期的に適量を輸送してくる馴染みの相手から柴と薪を購入していたと見られる時代状況から、燃料販売店に柴と薪を卸すようになった行商行動を解明し、戦後にガスが普及したことで柴と薪の需要がなくなり、八瀬・大原の住民による行商活動は1950年代中頃に衰退したことを明らかにした（橋本2011）。

5）京都市都市計画課によると、大原地域は全域が市街化調整区域（容積率100%、建ぺい率60%）に指定されている（2014年5月20日現在）。

6）大原地域の高齢化率は、1990年に20.7%であったが1995年に32.4%に上昇した。その後、2000年に31.3%に微減したが、2005年になると41.8%に上昇した。

7）幼年層（0～4歳）、青少年層（5～24歳）、若年層（25～44歳）、中高年層（45～64歳）、高年層（65～84歳）、超高年層（85歳以上）に6分類した。

8）コーホートとは、「一定の時期に人生における同一の重大な出来事を体験した人々」と定義される。最も頻繁に考慮されるのは出生であり、その場合は「出生コーホート」と呼ばれる。単にコーホートという語が使われる場合は、ほとんど例外なく出生コーホートである。ひとつ以上のコーホートになにがしかの特性について2時点以上の測定が行われる研究に対して、「コーホート分析」という。最も単純なコーホート分析は、ひとつのコーホートの諸特性を2時点で比較するものであり、「コーホート内趨勢研究」という。例えば、1920～1924年に生まれた人々について、彼らが16～20歳になった1940年時点と、21～25歳になった1945年時点とで比較研究するような場合である。さらに、コーホート分析の有用性は、2つ以上のコーホートについて3時点以上のデータがある場合にいっそう大きくなる（Glenn 1977）。

9）地域の少子化に対応するために、市立の大原小学校と大原中学校を母体に開設された小中一貫校。2014年度の児童及び生徒数は、約20年前の4分の1の79人となった（京都大原学院HP）。

10）大原地域にアパートやマンションはほとんどなく、大半は一軒家である。

11）京都市観光調査年報（2010年）の京都市内訪問地調査によると大原地域は13位に位置していたが、2011年以降の調査年報ではトップ25のランク外となっている。因みに、2010年の京都市内訪問地調査で1～15位に挙げられた観光地は、次の通りである。①清水寺、②嵐山、③金閣寺、④二条城、⑤銀閣寺、⑥南禅寺、⑦八坂神社、⑧高台寺、⑨平安神宮、⑩嵯峨野、⑪鞍馬・貴船、⑫四条河原町、⑬大原、⑭下鴨神社、⑮東寺。

12）1960年代、三千院などを歌ったデューク・エイセスの『女ひとり』が全国的にヒットしたことなどから、大原への観光客数が急増したとされる。

13）詳細については、2014年5月5日の京都新聞を参照されたい。

14）株主（99%は大原地域の住民）であれば権利金は必要とされない。また、出荷会員を辞める際に、権利金は全学返金される。

15）朝市に出荷する場合の販売手数料は5%である。

16）大原の野菜は美味しいという評価が口コミで広がることで、来場者が増えていった。利用者の増加とともに出荷活動も拡大し、生鮮品だけでなく加工品の製造販売も盛んになり、個人では1回で10～15万円を売り上げる出荷者も出るようになった。

17）宮崎氏は大原地域の農家に生まれ、会社勤めの後に定年帰農者となった。55歳のときに京都市の農業委員となり、高齢化や後継者の不足に悩む地域の実情を知ったという。当時、農地の遊休化が進んでいたため、大原の良さを守るためには農業振興を前向きに捉え、農業で所得が発生する仕組みを作る必要があると考えた。そこで思い立ったのが、地域で生産されたものを地域で売る朝市の開催であった。さらに、農業おこしを地域おこしにつなげていくために、「農を核とした観光農村づくり」を掲げて観光業と共同歩調を取ることを提案し、「京都大原里づくり協会」を立ち上げた。地域づくりのマスタープランを策定し、NPO法人格も取得してカントリーウォークの開催や間伐材を使用した道路整備などを進めてきた。京都大原土地改良区や大原里づくりトライアングルといった活動組織も設立し、地域内外の各種団体との連携を深めた。

18）「利潤の費用化部分」の地域的エリアを分析するための詳細なデータは現実的には入手できないが、しいて分析すれば、大原地域には金融機関が存在しないため、「金融費」は地域内にとどまらない。ただし、地域的エリアを京都市に拡大すると、地域内にとどまる傾向があるといえる。また、「管理費」については、土木・建設会社や造園会社、建材店、石材店、工務店が大原地域に立地しているため、比較的地域内で循環する傾向があると考えられる。

19）後掲注20の消費者へのアンケート調査と同時期に実施した。

20）2013年1月と2月に店内で実施して計232人から回答を得た。

21）調査は2014年8月3日と8月13日に終日実施した。大原地域の13集落の中から旧制大原校区である“大原8箇村”（勝林院町、来迎院町、草生町、大長瀬町、上野町、野村町、井手町、戸寺町）を選出し、1集落当たり7～12世帯を無作為に抽出した。調査票に基づいて直接面接で行うとともに、調査対象世帯の中から任意の回答者に具体的な効果を尋ねて回答を記述してもらった。調査は、大原地域の全世帯の約1割に当たる71世帯に及んだ。

22）大原上野町の国道367号沿いにファミリーマート大原三千院店があるが、ほかには個人経営の食料品店が数件立地しているのみである。

第8章

1）例えば、田代（2004）、小野ほか（2005）、香月ほか（2009）がある。

2）今回のアンケート調査における回答数は、会員登録している全ての会員数の約20%に当たる。アンケート調査のうえで回答者の中から時間に余裕のある回答者を選び、その了解のもとで、出荷の契機や生産出荷活動、営農計画などに関する聞き取り調査を実施した。

3）JAあいち知多は、知多半島に立地するJA東知多、JA西知多、JA知多の3つのJAが合併し、2000年に発足した。統合本部を常滑市に置き、組合員は7万3592人（うち准組合員は5万6791人）、支店数は60店に及ぶ（2015年度）。

4）5市5町は、大府市、東海市、知多市、常滑市、半田市、東浦町、阿久比町、武豊町、美浜町、南知多町を指す。

5）愛知県の農家比率は、専業農家が23%、第一種兼業農家が15%、第二種兼業農家が62%である（2010年農林業センサス）。

6）2012年度の出荷会員の数は632会員で、前年度から微減している。なお、出荷会員は、企業会員も含める。

7）出荷額などの基本項目が不明の出荷会員が存在し、有効回答数は117となった。また平均年間販売額は、企業会員の年間販売額を合わせて算出していることに留意されたい。

8）「直売専業農家」とは、生産物の全てを直売所で販売する農家を意味する。愛媛県内子町の「道の駅内子フレッシュパークからり」（第5章第3節参照）では、「からり専業農家」と呼称され、彼らがこの道の駅の商品出荷を支えているとされる。直売専業農家を初めて定義した既往研究としては、拙稿（河内2014a）を参照されたい。

第9章

1）小林氏は、30代の頃に伊那市議会議員を2期務め、市民の声を聞き取るなかで地産地消活動が必要という思いを強くした。「グリーンファーム」では、全ての責任を負う代表の任に就いているが、会員は生産者の会に組織されて、地域を単位として理事を選出する仕組みである。店舗の管理運営や消費者対応などは氏が担当するが、経営方針は年1回の総会で決定される。

2）小林氏は、直売所運営のポイントを10点にまとめて実践している。①生産者が主人公になる直売所、②1週間ごとの現金精算、③地域の自然や文化すべてを商品化する、④生産者をしばらない、⑤宣伝は口コミのみ、⑥生産者こそ最も安定した消費者、⑦消費者も参加する楽しい直売所、⑧動物がいる直売所、⑨細かい配慮の積み重ね、⑩感動こそ商売の原点（小林2012、41-78頁）。

3）当該年度の売上は5万円を超えた。

4）主催は長野県内の直売所や加工所が加盟する「長野県産直・直売連絡協議会」であるが、加盟の是非は問わず、県内外の関係者に広く参加が呼び掛けられている。直売所関係者に加えて自治体関係者や企業関係者も参加し、分野を超えた交流の場としても位置づけられている。当該サミットは、県内の4つ平（北信・東信・中信・南信）を巡回して年1回の頻度で開催され、直接販売や地域農業に関する自由闊達な議論が行われる。2015年1月に開催された第8回サミットには、上田市を会場として2日間で延べ700人を超える関係者が参加し、最高齢出荷者や新規出荷者の表彰のほか、専門家を交えたシンポジウムや当面の課題についてのディスカッションが行われた。

5）長野県駒ケ根市に編集室を置く年4回発行のフリーペーパーで、新聞発行や「長野県産直・直売サミット」主催のほか、長野県や各自治体と連携して地域農業の活性化のための事業や調査、講演活動を手がけてきた。最近は、諏訪市に本社のあるセイコーエプソン株式会社と2年間にわたる共同プロジェクトを実施し、直売所や加工所におけるPOPやラベルの販売促進効果を調査した。

6）新規就農者がいきなり広い土地を借りて就農するのはリスクが大きいことから、ベテラン農家の農地や「グリーンファーム」隣接地で、専門家のコーチを受けながら自由に100坪を耕して農産物を作り、販売経験もしてもらう就農支援。農地の貸し出しではなく貸し農園を耕作する支援で、年間の農園利用料は一口5000円。これまでに実験農場に参加した50組のうち、7組が伊那市と近隣の農家となり、「グリーンファーム」にも通年で出荷してきた。

あとがき

「直売所が12年連続売上増」。筆者が直接販売に初めて接したのは、山口県周南市で新聞記者をしていた2010年3月のことであった。いつものように報道資料に目が留まり、それを端緒に取材準備を行うべく営業中のJA周南の農産物直売所に入店した。ちょうど追加出荷で店を訪れていた女性の高齢農業者と出会い、その生き生きした姿と自信に満ちた語りに感銘を受けた。住民の声を多用し、「出荷増へ生産者育てる講座も」「新店舗は料理教室も」の副題を付けて一面を飾った。直接販売がこれほどまでに活況を呈している背景に何があるのか、これまでの作り方や売り方とどう違うのか、直接販売によって地域はどう変わったのか、生産者はどう変わっているのか……。地域農業の将来像を考えさせられた独材を経て、様々な疑問が湧き上がり、直接販売の事例研究をスタートさせた。

モータリゼーション、モバイル化、都市住民の農山村への流入、情報化によるコミュニケーションの活発化、技術革新によってイノベーションが起こりやすい時代状況が到来している。一方、卸売市場流通の構造再編下で、「農業者自らの組織」（山﨑美代造『地域づくりと人間発達の経済学』御茶の水書房、2004年、183頁）を団の是として生まれたはずの内発的運動体たる集出荷組織が、当事者の意志から大きく乖離し始めた。地域社会に散在する原基的な販売方法が見直され、生産者及び消費者と住民がもつ自然発生的な知恵に基づき、直接販売が再生した。先進的な集出荷組織は、組合員や住民も巻き込み、篤農家の知恵に追従して直接販売を奨励し、当該事業を推し進めてその興隆に拍車を掛け始めた。

本書では、巨視的な農産物流通構造の再編過程に留意し、新しい農産物流通論、住民の内発的な活動の観点で、『地域主義の実践』の適例として直接販売の動態を明らかにした。ただし、各論部分で扱えた事例内容は、ごく一部である。例えば、農家女性の実践の視点によると、家族単位で行われてきた従来の農業では、女性個人の労働が正当に評価されることが少なかったとされる。しかし、直接販売を行うことで、会員としての預金通帳を保有し、農家女性が自立に向かっている（関満博「農産物直売所の展開」関満博・松永桂子編『農産物直売書』新評論、2010年、13-19頁）。農産物加工や直売所で販売を担う１人の女性は、「自分の財布を持つこと」（徳野貞雄・柏尾珠紀『家族・集落・女性の底力——限界集落論を超えて』農山漁村研究会、2014年、275-289頁）を実現している。また、生産の喜びしか知らなかった生産者が、「売る喜びを味わう生産者」（松永桂子『創造的地域社会』新評論、2012年、165-167頁）に変化を遂げている。

こうした農業ビジネスの新たな潮流が、小規模生産者や高齢農業者、そして新規就農者らの多様で新奇的な営みを許容し、柔軟に荷を受け入れ続けていくことを望んでやまない。本書の後半部分では、直接販売が新たな試みに熱意のある全ての会員に利することを具体的に明らかにした。ファーマーズ・マーケットや直売所、道の駅、すなわち直接販売は、伝統や文化、風土的個性、気象条件などの多様な要素に基づいて地域展開しているため、より一層多様な視点でその意義を捉えていくことが重要である。地域に生きる人間の誰もが様々な「地域主義の実践」に挑戦できる時代が千代に続いていくことを願っている。

2021年夏

河内良彰

参考文献

青木辰司（2008）「グリーン・ツーリズム——実践科学的アプローチをめざして」『村落社会研究』43
秋谷重男（1978）『産地直結—流通の新しい担い手—』日本経済新聞社
秋谷重男編（1996）『卸売市場に未来はあるか—「生活者重視」へのチャネル転換—』日本経済新聞社
浅見淳之（1995）「農業経営にとっての農協マーケティングの役割」『農業経営研究』33(2)
阿部英之助（2006）「都市農村交流による地域活性化の可能性と課題——長野県川上村の事例を通じて」『現代社会研究』4
荒木一視（2009）「九州の青果物卸売市場——農産物輸入拡大下の産地の中央卸売市場」『研究論叢 第1部・第2部人文科学・社会科学・自然科学』59
荒木一視（2000）「地方都市における青果物需給の地理学——和歌山、松山、大分3都市の中央卸売市場を中心に」『和歌山地理』20
安東誠一（1986）『地方の経済学——「発展なき成長」を超えて』日本経済新聞社
飯坂正弘（2007）『農産物直売所の情報戦略と活動展開』ブイツーソリューション
飯田耕久・高橋強・林直樹（2004）「農産物直売施設による営農意欲向上と地域の活性化効果」『農村計画学会誌』23
板倉宏昭（2011）「超産業戦略——内子フレッシュパークからりの事例」『香川大学経済論叢』83(4)
稲田繁（2009）「内子町のまちづくり　内子フレッシュパークからり」『財政と公共政策』31(1)
池上惇（1986）『人間発達史観』青木書店
池上惇（1996）『現代経済学と公共政策』青木書店
池上惇（2010）「農村地域の創造環境と文化資本再生——持続可能な農村の理念・実現の根拠・政策」『農村計画学会誌』29(1)
池田真志（2005）「青果物流通の変容と「個別化」の進展——スーパーによる青果物調達を事例に」『経済地理学年報』51(1)
池田真利子・永山いちい・大石貴之（2013）「飯田市における都市農村交流の展開——ワーキングホリデー飯田を事例として」『地域研究年報』35
石井雄二（1987）「地域主義における自然認識の現代的意義と限界——玉野井芳郎氏の所説の批判的検討」『農村研究』64
市井三郎（1971）『歴史の進歩とはなにか』岩波新書
岩崎由美子（2001）「直売所を核とした女性ネットワークの形成」『農業と経済』67(9)
岩田英彬（1984）『近畿民俗叢書6　大原女』現代創造社
上田賢悦・梅本雅・大浦裕二・清野誠喜（2009）「小売店舗型農産物直売所における購買

行動の特徴と店頭マーケティング——アイカメラとプロトコル法を併用した消費者購買行動実験による接近」『農業普及研究』14(2)
梅木利巳（1988）『多様化する農産物市場』農山漁村文化協会
遠藤宏一（1998）「公共事業依存型経済の行方と地域の内発力」宮本憲一・遠藤宏一編『地域経営と内発的発展』農山漁村文化協会
大須眞治（2009）「長野県伊那市の2地域における退職農業者の現状についての実証的研究」『経済学論纂』49(1/2)
大野晃（2008）「現代山村の現状分析と地域再生の課題——限界自治体の現状を中心に」『村落社会研究ジャーナル』14(2)
大野剛志（2010）「グリーン・ツーリズム導入における新規参入者の役割——北海道夕張郡長沼町R区を事例として」『村落社会研究ジャーナル』17(1)
大原興太郎（2012）「直売所が果たす地域活性化機能と課題——松坂農業公園ベルファームを事例として」『村落社会研究ジャーナル』18(2)
尾碕亨・滝澤昭義・白武義治ほか（2000）「輸入野菜急増下における野菜流通環境の変化と産地の対応」『日本の農業』213
於勢泰子（2002）「農産物流通におけるIT活用の可能性」『開発金融研究所報』13
小野雅之・小林宏至（1997）『流通再編と卸売市場』筑波書房
岡田知弘（2004）「グローバル経済下の自治体再編——「平成の大合併」の構図と位相」『経済論叢』173(1)
小田切徳美（2011）「農山村の視点からの集落問題」大西隆ほか編『これで納得！集落再生——「限界集落」のゆくえ』ぎょうせい
小田切徳美（2013）「農山村再生の戦略と政策」小田切徳美編『農山村再生に挑む——理論から実践まで』岩波書店
鬼塚健一郎・星野敏（2015）「農山村地域における口コミによる情報共有の実態と促進に向けた課題——受け皿組織への所属関係に着目した2モードデータの社会ネットワーク分析による定量的研究」『農村計画学会誌』34(1)
小野洋・横山繁樹・尾関秀樹・佐藤和憲（2005）「農産物直売所の地域経済への波及効果——地域産業連関表を用いて」『日本農業経済学会論文集』
帯谷博明（2002）「「地域づくり」の生成過程における「地域環境」の構築——「内発的発展論」の検討を踏まえて」『社会学研究』71
甲斐諭（2009）「農産物直売所の地域活性化機能とホスピタリティ機能の重要性」『流通科学研究』9(1)
甲斐諭（2010）「食料の需給変容と卸売市場の活性化対策」『流通科学研究』10(1)
樫原正澄（2008）「生産者と消費者の連携による食の再生——イギリスと日本」『關西大學經濟論集』57(4)
香月敏孝・小林茂典・佐藤孝一・大橋めぐみ（2009）「農産物直売所の経済分析」『農林水産政策研究』16
加藤明人・入田慎太郎・依光良三（2002）「交流型地域づくりに関する研究」『高知大学農学部演習林報告』29
金光淳（2003）『社会ネットワーク分析の基礎——社会的関係資本論にむけて』勁草書房

株式会社流通研究所（2010）「直売活動の現状と大都市直売の展望」
神田健策（2001）「農協再編と新たな協同組合」中島信・神田健策『21 世紀食料・農業市場の展望』筑波書房
神戸正編（1970）『都市農業の直売戦略』誠文堂新光社
菊池良一（1995）「スーパー・マーケット（量販店）と青果物卸売市場」『明治大学政経論叢』63(1)
木立真直（2012）「食品小売業の変化と生鮮調達戦略の方向性――生鮮 PB・地産地消・「生鮮 SPA」の意味を考える」『農業と経済』78(12)
木村彰利（2009）「大都市近郊園芸生産地域の生産者における出荷対応に関する一考察――千葉県東葛飾地域を事例として」『農業市場研究』18(3)
木村彰利（2010）「大都市近郊の農産物直売所による地域農業活性化に関する一考察」『農業市場研究』19(1)
清成忠男（1978）『地域主義の時代』東洋経済新報社
清成忠男（1990）「産業主義から地域主義へ」鶴見和子・新崎盛暉編『地域主義からの出発』学陽書房
現代農業編集部（2010）「これからは、出かける直売所」『現代農業』89(4)
河内良彰（2012a）「農産物直売所における出張販売の展開と地域づくり」『農業と経済』78(7)
河内良彰（2012b）「農産物直売に関する情報化と産地加工の展開――愛媛県内子町」『地域開発』575
河内良彰（2014a）「農産物の流通変容下における直売の新展開と伸長要因――和歌山県の事例」『地域経済学研究』27
河内良彰（2014b）「工業都市に立地する農産物直売所の運営可能性――JA 周南における消費者行動分析を中心として」『経済論叢』188(1)
河内良彰（2015a）「直売による内発的発展の地域づくり――京都市左京区大原地域の事例」『資本と地域』 9・10
河内良彰（2015b）「ファーマーズ・マーケットにおける内発的発展とクリエイティビティ――鶴見和子の分析視角」『創造都市研究』11(1)
河内良彰（2016）「都市農村交流施設による地域社会の企業間ネットワーク構造と地域政策的含意――長野県伊那市における社会ネットワーク分析を中心として」『社会システム研究』33
河内良彰（2018）「「多様な働き方」実践における就労意欲の現状と公共政策の課題――農産物の「直接販売」を事例として」『八戸工業大学紀要』37
河野直践（2002）「農協による都市農村交流活動の現段階―― 3 つの事例をもとに」『茨城大学人文学部紀要　社会科学論集』36
小柴有理江（2004）「農産物直売所の販売額拡大と出荷者の動向」『農林業問題研究』154
小林康平・甲斐諭・諸岡慶昇・福井清一・浅見淳之・菅沼圭輔（1995）『変貌する農産物流通システム―卸売市場の国際比較―』農山漁村文化協会
小林史麿（2012）『産直市場はおもしろい！―伊那・グリーンファームは地域の元気と雇用をつくる―』自治体研究社

慶野征ジ・中村哲也（2004）「道の駅併設農産物直売所とその顧客の特質に関する考察——埼玉県里地域の農産物直売所を事例として」『千葉大学園芸学部学術報告』58
後藤和子（2010）「農村地域の持続可能な発展とクリエイティブ産業」『農村計画学会誌』29(1)
斎藤修・慶野征ジ編（2003）『青果物流通システム論のニューウェーブ』農林統計協会
坂田一郎（2011）「ネットワーク分析を用いた地域クラスターの実証研究」『慶應経営論集』28(1)
坂爪浩史（1999）『現代の青果物流通—大規模小売企業による流通再編の構造と論理—』筑波書房
櫻井清一（2001）「都市・農村連携の視点からみた農産物直売活動」『農村計画学会誌』20(3)
佐々木雅幸（1997）『創造都市の経済学』勁草書房
佐々木雅幸（2014）「創造農村とは何か、なぜ今、注目を集めるのか」佐々木雅幸・川井田祥子・萩原雅也編『創造農村——過疎をクリエイティブに生きる戦略』学芸出版社
佐々木雅幸（2015）「包摂型創造都市・大阪」『都市文化研究』17
佐藤一絵（2016）「女性農業者の活躍における課題」『日本労働研究雑誌』675
佐藤俊一（2011）「地域主義の思想と地域分権——玉野井芳郎教授を中心に」『東洋法学』55(1)
沢田進一編（1981）「和歌山県における青果物流通・市場の基礎構造」『農政経済研究』13
重森暁（2001）『分権社会の政策と財政——地域の世紀へ』桜井書店
白武義治（2003）「地域農業再生と活性化に果たす農産物直売所——長崎県における農産物直売所を事例として」『農業経済論集』54(1)
杉岡碩夫（1976）『地域主義のすすめ——住民がつくる地域経済』東洋経済新報社
住本雅洋（2003）「都市近郊地域における農産物直売所による地域農業活性化の実態分析——兵庫県三田市を事例として」『農林業問題研究』39(1)
関満博（2009）「婦人たちの直売所と加工場」関満博・松永桂子編『農商工連携の地域ブランド戦略』新評論
関満博（2010）「農産物直売所の展開」関満博・松永桂子『農産物直売所』新評論
全国農業改良普及支援協会（2013）「観光地大原の隠れた人気スポット『里の駅大原』旬の野菜と加工品の地産地消を進める直売所」『技術と普及』50(7)
高橋正也・比屋根哲・林雅秀（2009）「社会ネットワーク分析による農山村集落の今後を担うリーダーの構造——岩手県西和賀町S集落の事例」『林業経済研究』55(2)
滝澤昭義・細川允史編（2000）『流通再編と食料・農産物市場』筑波書房
滝澤昭義・甲斐諭・細川允史・早川治ほか編（2003）『食料・農産物の流通と市場』筑波書房
田代亨（2004）「農産物直売所による地域経済振興——行政財産による資本代替」『農林業問題研究』40(1)
田代亨（2005）『内発的発展の地域経済論—公的資金の資本転化と域内資本価値循環—』地域経済経営研究所
駄田井久（2004）「農産物直売所における消費者行動の実証的分析」『岡山大学農学部学術

報告』93
駄田井久・佐藤豊信・石井盟人（2007）「農産物直売所におけるマーケティング戦略の構築――安心・安全の視点から」『農林業問題研究』166
多辺田政弘（1999）「地域社会に経済を埋め戻すということ――「琉球エンポリアム仮説」から地域通貨論へ」『環境社会学研究』 5
玉野井芳郎（1971）「経済理論の進展と社会科学の統合」『思想』562
玉野井芳郎（1974）「物質代謝の広義の経済学をめざして――経済学における分析視座の転換」『経済セミナー』238
玉野井芳郎（1975）『転換する経済学―科学の統合化を求めて―』東京大学出版会
玉野井芳郎（1977a）『地域分権の思想』東洋経済新報社
玉野井芳郎（1977b）「地域主義と生鮮食品流通――地場流通の復位を」『現代農業』11 月号
玉野井芳郎（1978a）「地域主義のために」玉野井芳郎・中村尚司・清成忠男編『地域主義―新しい思潮への理論と実践の試み―』学陽書房
玉野井芳郎（1978b）『エコノミーとエコロジー―広義の経済学への道―』みすず書房
玉野井芳郎（1978c）「共同体の経済組織に関する一考察――沖縄県国頭村字奥区の「共同店」を事例として」『商経論集』7(1)
玉野井芳郎（1979a）「地域主義と自治体「憲法」――沖縄からの問題提起」『世界』408
玉野井芳郎（1979b）「開かれた内発的地域主義」『地域開発』177
玉野井芳郎（1979c）『地域主義の思想』農山漁村文化協会
玉野井芳郎・鶴見和子（1981）「開放定常系と内発的発展――台湾中南部の農法を中心に」『現代の眼』22(6)
玉野井芳郎（1982）『地域からの思索』沖縄タイムス社
玉野井芳郎・坂本慶一・中村尚司編（1984）『いのちと“農”の論理――都市化と産業化を超えて』学陽書房
中小企業診断協会（2011）「農産物直売所の現状及び課題と成長戦略の提言」
辻和良（1999）「農産物直売活動の魅力・問題点と展開方向――和歌山県における農産物直売所・朝市の取り組み」『フレッシュフードシステム』28(8)
辻和良・西岡晋作・山本茂晴（2004）「大規模農産物直売所における消費者の購買行動――紀の里農業協同組合「めっけもん広場」を事例として」『和歌山県農林水産総合技術センター研究報告』 5
蔦谷栄一（2013）『共生と提携のコミュニティ農業へ』創森社。
槌田敦（1982）『資源物理学入門』NHK ブックス
槌田敦（1986）『エントロピーとエコロジー―「生命」と「生き方」を問う科学―』ダイヤモンド社
槌田敦（2014）「エントロピー経済学の基礎と展開」『経済学論叢』65(3)
鶴見和子（1974）「社会変動のパラダイム――柳田国男の仕事を軸として」鶴見和子・市井三郎編『思想の冒険――社会と変化の新しいパラダイム』筑摩書房
鶴見和子（1976）「国際関係と近代化・発展論」武者小路公秀・蠟山道雄編『国際学――理論と展望』東京大学出版会

鶴見和子（1980）「内発的発展論へむけて」川田侃・三輪公忠編『現代国際関係論——新しい国際秩序を求めて』東京大学出版会
鶴見和子（1989）「内発的発展論の系譜」鶴見和子・川田侃編『内発的発展論』東京大学出版会
鶴見和子（1990）「原型理論としての地域主義」鶴見和子・新崎盛暉編『地域主義からの出発』学陽書房
鶴見和子（1996）『内発的発展論の展開』筑摩書房
鶴見和子（1997）『日本を開く——柳田・南方・大江の思想的意義』岩波書店
鶴見和子（1998）『コレクション鶴見和子曼荼羅Ⅳ　土の巻　柳田国男論』藤原書店
鶴見和子（1999）『コレクション鶴見和子曼荼羅Ⅸ　環の巻　内発的発展論によるパラダイム転換』藤原書店
徳田博美（2008）「中山間地域の直売所のネットワーク化による「地産地消」から「地産都商」への発展——奥出雲産直振興推進協議会の取り組みについて」『野菜情報』57
徳野貞雄（2008）「農山村振興における都市農村交流、グリーン・ツーリズムの限界と可能性——政策と実態の狭間で」『村落社会研究』43
徳野貞雄・柏尾珠紀（2014）『家族・集落・女性の底力——限界集落論を超えて』農山漁村文化協会
都市農山漁村交流活性化機構（2007）「農産物直売所の運営内容に関する全国実態調査の概要」
中川秀一・宮地忠幸・高柳長直（2013）「日本における内発的発展論と農村分野の課題——その系譜と農村地理学分野の実証研究を踏まえて」『農村計画学会誌』32(3)
長野県農政部（2014）「平成 26 年度 長野県農業の概要」
中村省吾・星野敏・萩原和・橋本禅・九鬼康彰（2013）「社会ネットワークの観点から見た農地・水・環境保全向上対策の活動組織の特徴分析——京都府亀岡市神前区を事例として」『農村計画学会誌』32
中村貴子（2004）「都市農村交流による地産地消の推進に関する考察——舞鶴市与保呂地区を事例として」『神戸大学農業経済』37
中村尚司（1993）『地域自立の経済学』日本評論社
奈須憲一郎（2000）「地域の内発的発展における「新住民」の果たす役割——北海道下川町を事例として」『北海道北部の地域振興 3』道北の地域振興を考える研究会
成瀬龍夫（1983）「地域づくり論の現状と展望——「内発的発展」論の検討を中心に」自治体問題研究所編編『地域づくり論の新展開—地域活力の再生・「内発的発展」論をめぐって—』自治体研究社
成瀬龍夫（1992）「ゴルフ場開発は地域経済の活性化に役立つか」二場邦彦・成瀬龍夫・京都自治体問題研究所編『「リゾート」から内発的地域づくりへ——丹後リゾートで問われていること』自治体研究社
新原道信（1998）「横浜・金沢における複合的な地域社会発展を考える——鶴見和子の内発的発展論の理論的検討を通じて」『経済と貿易』176
日本政策金融公庫（2012）「農産物直売所に関する消費者意識調査結果」
日本農業市場学会編（1999）『現代卸売市場論』筑波書房

農産漁村交流活性化機構（2018）「農林水産物直売所・実態調査報告」
農産物市場研究会編（1991）『問われる青果物卸売市場—流通環境の激変の中で—』筑波書房
野見山敏雄（1997）『産直商品の使用価値と流通機構』日本経済評論社
野見山敏雄（2001）「直売所が地域経済に果たす役割」『農業と経済』67(9)
野見山敏雄（2002）「農産物直売所と地域農業の再構築」『農林統計調査』52(10)
野見山敏雄（2005）「低食料自給率下における地産地消——その意義と課題」『農業経済研究』77(3)
農林水産省（2008）「平成19年農産物地産地消等実態調査」
農林水産省（2012）「産地直売所調査結果の概要——農産物地産地消等実態調査（平成21年度結果）」
萩原和・星野敏・橋本禅・九鬼康彰（2012）「「テーマ型」地域活動において既存組織が形成する社会ネットワークの可視化——社会ネットワークへの階層的クラスター分析の適用を通じて」『農村計画学会誌』31
橋本暁子（2011）「京都近郊農山村における柴・薪の行商活動——明治前期から1950年代の八瀬・大原を事例として」『歴史地理学』53(4)
橋本卓爾・大西敏夫・藤田武弘・内藤重之編（2004）『食と農の経済学—現代の食料・農業・農村を考える—』ミネルヴァ書房
橋本直史（2012）「青果物流通変容下における「内部規格」化の進展に関する研究」『北海道大学大学院農学研究院邦文紀要』32(2)
服部俊宏・堤聰・嶋栄吉・今井敏行（2000）「直売所における農産物販売が農家に与える影響」『農村計画学会誌』19
原珠里・大内雅利編（2012）『農村社会を組みかえる女性たち——ジェンダー関係の変革に向けて』農山漁村文化協会
藤井吉隆・梅本雅・大浦裕二・山本淳（2008）「農産物直売所における購買行動の特徴と店頭マーケティング方策」『農林業問題研究』170
藤島廣二（1987）『青果物卸売市場流通の新展開』農林統計協会
藤島廣二・辻和良（1988）「紀伊半島先端県の青果物流通構造の特質——和歌山県産青果物の出荷構造と同県内卸売市場の集・分荷構造を対象に」『中国農業試験場研究報告』2
藤島廣二・山本勝成編（1992）『小規模野菜産地のための地域流通システム』富民協会
藤島廣二（1997）『リポート輸入野菜300万トン時代』家の光協会
藤島廣二・安部新一・宮部和幸・岩崎邦彦（2009）『食料・農産物流通論』筑波書房
藤島廣二・安部新一・宮部和幸・岩崎邦彦（2012）『新版 食料・農産物流通論』筑波書房
藤田武弘（2005）「地域農業の維持・存続と卸売市場に求められる役割」『農業市場研究』14(2)
藤山浩（2011）「集落の現場から未来を見つめる」大西隆ほか編『これで納得！集落再生——「限界集落」のゆくえ』ぎょうせい
藤吉普人・牛野正・九鬼康彰・星野敏（2007）「顧客満足度調査を用いた農産物直売所への顧客ニーズの把握と施設の改善方向」『農村計画学会誌』26

細川允史（1993）『変貌する青果物卸売市場―現代卸売市場体系論―』筑波書房
細川允史（2001）「直売の再登場と卸売市場」『農業と経済』67(9)
細川允史（2005）「中央卸売市場返上事例――大分市中央卸売市場の事例について」『農業市場研究』14(2)
保母武彦（1996）『内発的発展論と日本の農山村』岩波書店
益崎慈子・山路永司（2010）「直売所への参加が農家の生産と今後の意向に与える影響」『農村計画学会誌』28
松永桂子（2012）『創造的地域社会―中国山地に学ぶ超高齢社会の自立―』新評論
松宮朝（2001）「「内発的発展」概念をめぐる諸問題――内発的発展論の展開に向けての試論」『社会福祉研究』3(1)
御園喜博（1953）『市場―野菜・果物―』岩波書店
御園喜博・宮村光重編（1981）『これからの青果物流通』家の光協会
御園喜博（1983）「農産物市場における広域的体系と地域的体系」御園喜博ほか編『現代農産物市場論』あゆみ出版
御園喜博（1988）『農産物流通の新編成』日本経済評論社
満永光子（1984）「野菜経営と家族労働力」河野敏明・森昭編『野菜の産地再編と市場対応』明文書房
宮口侗廸（2007）『新・地域を活かす――地理学者の地域づくり論―』原書房
宮本憲一（1980）『都市経済論』筑摩書房
宮本憲一（1982）『現代の都市と農村――地域経済の再生を求めて』日本放送出版協会
宮本憲一（1989）『環境経済学』岩波書店
村上和史（2000）「農産物直売所利用者の購買行動に関する考察――岩手県内の事例によるPOSデータとアンケート分析から」『日本農業経済学会論文集』2000
村瀬博昭・前野隆司・林美香子（2010）「CSAによる地域活性化に関する研究――メノビレッジ長沼のCSAの取組を事例として」『地域活性研究』1
室田武（1985a）『雑木林の経済学』樹心社
室田武（1985b）『技術のエントロピー―水車からの発想　自然エネルギーだけが人類を救う―』PHP研究所
室田武（1987）『マイナス成長の経済学』農山漁村文化協会
室田武（1991）『君はエントロピーを見たか？―地球生命の経済学―』朝日新聞社
守友裕一（1991）『内発的発展の道――まちづくり、むらづくりの論理と展望』農山漁村文化協会
諸富徹（2010）『地域再生の新戦略』中央公論新社
安田雪（1997）『ネットワーク分析――何が行為を決定するか』新曜社
安田雪（2001）『実践ネットワーク分析―関係を解く理論と技法―』新曜社
八巻一成・茅野恒秀・藤崎浩幸ほか（2014）「過疎地域の地域づくりを支える人的ネットワーク――岩手県葛巻町の事例」『日本森林学会誌』96(4)
山口照雄（1974）『野菜の流通と値段のしくみ』農山漁村文化協会
山﨑眞弓・中澤純治（2008）「持続可能な都市農村交流（農林漁家民宿）のために――高知県に見る経済活動としてのグリーン・ツーリズム」『高知論叢』92

山﨑美代造（2004）『地域づくりと人間発達の経済学―リゾート地域整備の評価・農産物直売所・農村レストランを中心に―』御茶の水書房
山本真二（2004）「販売情報管理システムを確立した直売所――内子フレッシュパークからりのとりくみ」『農業と経済』70(15)
山本博信（1993）『現代日本の生鮮食料品流通―卸売市場流通の展開と課題―』農林統計協会
山本博信（2009）『食品産業新展開の条件―市場再編下での生存に備えて―』農林統計出版
山本祐子・岡本義行（2014）「全国「道の駅」のアンケート調査報告書」『地域イノベーション』
與倉豊（2014）「九州半導体産業における多様なネットワークの形成過程と制度的な支援体制」『経済地理学年報』60
横山繁樹・櫻井清一（2009）「地産地消に関連する諸活動と社会関係資本――千葉県安房地域を事例として」『経済地理学年報』55(2)
吉田忠（1978）『農産物の流通』家の光協会
流通研究所（2010）「直売活動の現状と大都市直売の展望――都市直売と地方直売の連携に向けて」
若林直樹（2009）『ネットワーク組織―社会ネットワーク論からの新たな組織像―』有斐閣
若林直樹（2013a）「2000年代における関西バイオクラスターに於ける共同特許ネットワークの構造と効果――組織間ネットワーク分析による構造分析」『経済論叢』186(2)
若林直樹（2013b）「バイオクラスターにおける産学連携政策と組織間ネットワークの成長――2000年代の関西バイオクラスターにおける共同特許開発関係の経時的分析」『経済論叢』186(4)
若林直樹・山下勝・山田仁一郎・野口寛樹（2015）「凝集的な企業間ネットワークが発展させた映画製作の実践共同体――製作委員会方式による日本映画ビジネスの再生」『組織科学』48(4)
和歌山県（2011）「和歌山県の農林水産業」
和歌山県（2012）「和歌山県卸売市場整備計画」
渡辺めぐみ（2009）『農業労働とジェンダー――生きがいの戦略』有信堂高文社
Andreatta, S. and W. Wickliffe (2002) "Managing Farmer and Consumer Expectations: A Study of a North Carolina Farmers Market", *Human Organization*, Vol. 61, No. 2, pp. 167-176.
Bestor, T. C. (2004) *Tsukiji: The Fish Market at the Center of the World*, Berkeley, CA: University of California Press.（福岡伸一・和波雅子訳2007『築地』木楽舎）
Borgatti,S. P., Everett, M. G. and Freeman, L. C. (2002) *Ucinet VI for Windows: Software for Social Network Analysis*, Harvard, MA: Analytic Tecnologies.
Boulding, K. E. (1968) *Beyond Economics: Essays on Society, Religion, and Ethics*, MI: University of Michigan Press.（公文俊平訳1970『経済学を超えて――社会システムの一般理論』竹内書店）
Boulding, K. E. (1966) "The Economics of the Coming Spaceship Earth."
Boulding, K. E. (1981) *Evolutionary Economics*, CA: Sage.（猪木武徳ほか訳1987『社会

進化の経済学』HBJ 出版局）
Brown, A. (2001) "Counting Farmers Markets," *The Geographical Review*, Vol. 91, No. 4, pp. 655-674.
Bubinas, K. (2011) "Farmers Markets in the Post-Industrial City", *City & Society*, Vol. 23, No. 2, pp. 154-172.
Burt, R. S. (1992) *Structural Holes: The Social Structure of Competition*, Cambridge, MA: Harvard University Press.（安田雪訳 2006『競争の社会的構造――構造的穴隙の理論』新曜社）
Coleman, J. S. (1988) "Social Capital in the Creation of Human Capital", *American Journal of Sociology*, Vol. 94, Supplement, pp. 95-120.
Feagan, R. B. and D. Morris (2009) "Consumer Quest for Embeddedness: A Case Study of the Brantford Farmers Market", *International Journal of Consumer Studies*, Vol. 33, No. 3, pp. 235-243.
Feenstra, G. W. (et al.) (2003) "Entrepreneurial Outcomes and Enterprise Size in US Retail Farmers' Markets", *American Journal of Alternative Agriculture*, Vol. 18, No. 1, pp. 46-55.
Fisher, H. E. (1999) *The First Sex: The Natural Talents of Women and How They Are Changing the World*, New York: Random House.（吉田利子 2000『女の直感が男社会を覆す（上）・（下）』草思社）
Georgescu-Roegen, N. (1975) "Energy and Economic Myths," *Southern Economic Journal*, Vol. 41, No. 3, pp. 347-381.（小出厚之助ほか訳 1981「エネルギーと経済学の神話」『経済学の神話――エネルギー、資源、環境に関する真実』東洋経済新報社）
Glenn, N. D. (1977) Cohort Analysis, London: SAGE Publications.（藤田英典訳 1984『コーホート分析法』朝倉書店）
Granovetter, M. S. (1985) "Economic Action and Social Structure: The Problem of Embeddedness", *American Journal of Sociology*, Vol. 91, No. 3, pp. 481-510.（渡辺深訳 1998『転職――ネットワークとキャリアの研究』ミネルヴァ書房）
Griffin, M. R. and E. A. Frongillo (2003) "Experiences and Perspectives of Farmers from Upstate New York Farmers' Markets", *Agriculture and Human Values*, Vol. 20, No. 2, pp. 189-203.
Henderson, E. and R. Van En (2007) *Sharing the Harvest: A Citizen's Guide to Community Supported Agriculture*, White River Junction, Vt.: Chelsea Green.（山本きよ子訳 2008『CSA 地域支援型農業の可能性―アメリカ版地産地消の成果―』家の光協会）
Hinrichs, C. C. (2000) "Embeddedness And Local Food Systems: Notes on Two Types of Direct Agricultural Market," *Journal of Rural Studies*, Vol. 16, No. 3, pp. 295-303.
Hinrichs, C. C., G. W. Gillespie and G. W. Feenstra (2004) "Social Learning and Innovation at Retail Farmers' Markets," *Rural Sociology*, Vol. 69, No. 1, pp. 31-58.
Jevons, W. S. (1865) *The Coal Question: An Inquiry Concerning the Progress of the Nation, and the Probable Exhaustion of Our Coal Mines*, London: Macmillan & Co. London.

Kouchi, Y. (2017) "Regionalism and Endogenous Development Theory: A Point of View for the Analysis of Local Industry," *The Social Science*, Vol. 47, No. 1, pp. 63-89.

Kouchi, Y. (2020a) "New Market Development and Activation of Urban Society through Direct Sales in the Restructuring Process of Wholesale Market Distribution (1)," *Journal of the Faculty of Sociology*, No. 70, pp. 41-63.

Kouchi, Y. (2020b) New Market Development and Activation of Urban Society through Direct Sales in the Restructuring Process of Wholesale Market Distribution (2)," *Journal of the Faculty of Sociology*, No. 71, pp. 83-104.

Landry, C. (2000) *The Creative City: A Toolkit for Urban Innovators*, London: Earthscan Publications.（後藤和子監訳 2003『創造的都市─都市再生のための道具箱─』日本評論社）

McKibben, B. (2007) *Deep Economy: The Wealth of Communities And the Durable Future*, New York: Times Books.

Meadows, D. H. (et al.) (1972) *The Limits to Growth; A Report for the Club of Rome's Project on the Predicament of Mankind*, New York: Universe Books.（大来佐武郎訳 1972『成長の限界──ローマ・クラブ人類の危機レポート』ダイヤモンド社）

Mumford, L. (1938) *The Culture of Cities*, New York: Harcourt, Brace and Co.（生田勉訳 1974『都市の文化』鹿島出版会）

Nerfin, M. (ed.) (1977) *Another Development: Approaches and Strategies*, Uppsala: Dag Hammarskjöld Foundation.

Polanyi, K. (1977) *The Livelihood of Man*, London: Academic Press.（玉野井芳郎・栗本慎一郎訳 1980a『人間の経済Ⅰ──市場社会の虚構性』岩波書店、玉野井芳郎・中野忠訳 1980b『人間の経済Ⅱ──交易・貨幣および市場の出現』岩波書店）

Putnam, R. D. (1993) *Making Democracy Work: Civic Traditions in Modern Italy*, Princeton, NJ: Princeton University Press.（河田潤一訳 2001『哲学する民主主義──伝統と改革の市民的構造』NTT 出版）

Reardon, T., C. P. Timmer and B. Minten (2012) "Supermarket Revolution in Asia and Emerging Development Strategies to Include Small Farmers," *Proceedings of the National Academy of Sciences of the United States of America*, Vol. 109, No. 31, pp. 12332-12337.

Sommer, R., J. Herrick and T. R. Sommer (1981) "The Behavioral Ecology of Supermarkets and Farmers' Markets," *Journal of Environmental Psychology*, Vol. 1, No. 1, pp. 13-19.

Watts, D. J. (1999) *Small Worlds: The Dynamics of Networks between Order and Ramdomness*, Princeton, NJ: Princeton University Press.（栗原聡・佐藤進也・福田健介訳 2006『スモールワールド──ネットワークの構造とダイナミクス』東京電機大学出版局）

Zepeda, L. (2009) "Which Little Piggy Goes to Market? Characteristics of US Farmers' Market Shoppers," *International Journal of Consumer Studies*, Vol. 33, No. 3, pp. 250-257.

索　引

人名索引

事項索引

さ

ま

や

ら

わ

著者略歴
河内 良彰（こうち・よしあき）
佛教大学社会学部准教授。
1982 年山口県生まれ。中央大学法学部卒業、京都大学大学院経済学研究科博士後期課程単位取得退学。読売新聞記者、八戸工業大学感性デザイン学部講師、佛教大学社会学部講師を経て、2022 年から現職。
専門は、地域経営論、観光学。主著に、「地域活性化に向けたエリア・マーケティングの射程（上）および（下）――フィリップ・コトラーのマーケティング論との比較を通して」2019、『社会学部論集』、「観光地の中心性分析による観光ガイドブックの回遊ルートと旅行者の回遊行動との比較研究――青森県三八上北地域の事例」2020、『八戸工業大学紀要』などがある。

地域主義の実践
農産物の直接販売の行方

2022年 4 月 1 日　初版第 1 刷発行

著　者　河内良彰
発行者　中西　良
発行所　株式会社ナカニシヤ出版
〒606-8161　京都市左京区一乗寺木ノ本町15番地
TEL 075-723-0111　　FAX 075-723-0095
http://www.nakanishiya.co.jp/

装幀＝白沢　正
印刷・製本＝創栄図書印刷

＊落丁・乱丁本はお取り替え致します。
Printed in Japan.　ISBN978-4-7795-1647-4　C3034